Markus Menges

Untersuchungen zum MTO-Prozess an AlPO$_4$-gebundenen ZSM-5-Extrudaten und Beschreibung der Reaktionskinetik

Untersuchungen zum MTO-Prozess an AlPO$_4$-gebundenen ZSM-5-Extrudaten und Beschreibung der Reaktionskinetik

von
Markus Menges

Dissertation, Karlsruher Institut für Technologie (KIT)
Fakultät für Chemieingenieurwesen und Verfahrenstechnik
Tag der mündlichen Prüfung: 06. Juli 2012

Impressum

Karlsruher Institut für Technologie (KIT)
KIT Scientific Publishing
Straße am Forum 2
D-76131 Karlsruhe
www.ksp.kit.edu

KIT – Universität des Landes Baden-Württemberg und
nationales Forschungszentrum in der Helmholtz-Gemeinschaft

KIT Scientific Publishing 2012
Print on Demand

ISBN 978-3-86644-908-4

Untersuchungen zum MTO-Prozess an AlPO$_4$-gebundenen ZSM-5-Extrudaten und Beschreibung der Reaktionskinetik

Zur Erlangung des akademischen Grades eines

DOKTORS DER INGENIEURWISSENSCHAFTEN (Dr.-Ing.)

der Fakultät für Chemieingenieurwesen und Verfahrenstechnik des

Karlsruher Instituts für Technologie (KIT)

genehmigte

DISSERTATION

von

Dipl.-Ing. Markus Menges
aus Heidelberg

Referentin: Prof. Dr. Bettina Kraushaar-Czarnetzki

Korreferent: Prof. Dr.-Ing. Georg Schaub

Tag der mündlichen Prüfung: 06. Juli 2012

Danke

Die vorliegende Arbeit entstand während meiner Tätigkeit als wissenschaftlicher Mitarbeiter am Institut für Chemische Verfahrenstechnik des Karlsruher Instituts für Technologie (vormals Universität Karlsruhe (TH)) in der Zeit von Dezember 2007 bis Dezember 2011.

Mein besonderer Dank gilt Frau Prof. Dr. Bettina Kraushaar-Czarnetzki für die Möglichkeit das interessante und herausfordernde Thema zu bearbeiten. Dabei gewährte Sie mir einerseits großen Freiraum für eigene Ideen und Entscheidungen und unterstützte andererseits meine Arbeit durch fachliche Anregungen und Diskussionen.

Herrn Prof. Dr.-Ing. Georg Schaub danke ich für die freundliche Übernahme des Korreferats und die kritische Durchsicht des Manuskripts.

Allen Mitarbeitern am Institut möchte ich für die angenehme Atmosphäre und die gute Zusammenarbeit danken. Meine Kollegen hatten dabei stets ein offenes Ohr, auch für nichtfachliche Gespräche und der gute Zusammenhalt hat einiges leichter gemacht. Ein besonderer Dank geht dabei an meine ehemaligen Bürokollegen.

Ein Dank auch an Herrn Dipl.-Ing. Daniel Haigis, Herrn Dipl.-Ing. Thomas Fischedick und Frau Dipl.-Ing. Christin Wagner, die durch ihre Diplom- und Studienarbeiten wichtige Beiträge für die Arbeit geliefert haben.

Ein weiterer Dank an Herrn Dr.-Ing. Thomas Thömmes für die Durchsicht des Manuskripts und die fachlichen Anmerkungen dazu.

Nicht zuletzt gilt ein ganz besonderer Dank meiner Familie, die mich immer auf meinem Weg unterstützt hat und mir ein großer Rückhalt war.

Inhaltsverzeichnis

1 Einleitung

Die Olefine Ethen und Propen sind wichtige Zwischenprodukte der organischen Chemie. Der größte Teil findet in der Kunststoffindustrie Verwendung, und über die Hälfte beider Stoffe wird direkt zu Polyethylen bzw. Polypropylen umgesetzt [1]. Die Herstellung von Ethen und Propen erfolgt hauptsächlich über das Cracken von Erdölfraktionen (Steamcracken oder katalytisches Cracken). Aufgrund knapper werdender Ressourcen und steigender Preise für Rohöl spielen alternative Herstellungsverfahren, durch die eine breitere Rohstoffbasis genutzt werden kann, eine zunehmend wichtige Rolle. Weiterhin werden aufgrund einer stärker steigenden Nachfrage nach Propen Verfahren benötigt, bei denen Propen das Hauptprodukt darstellt [2, 3]. Die Umsetzung von Methanol zu kurzkettigen Olefinen im sogenannten MTO-Prozess (*methanol-to-olefins*) stellt ein solches Verfahren dar. Das eingesetzte Methanol wird aus Synthesegas (CO/H_2) erzeugt, welches wiederum durch „*Steam-Reforming*" aus Erdgas oder durch Vergasung von Kohle oder Biomasse erhalten wird. Die Durchführung des MTO-Prozesses erfolgt an sauren Zeolithkatalysatoren. Dabei laufen eine Vielzahl an Reaktionen ab, die zur Bildung eines komplexen Kohlenwasserstoffgemischs führen. Neben kurzkettigen Olefinen, die Zwischenprodukte im Reaktionsverlauf sind, werden auch längerkettige Olefine, Paraffine und Aromaten erhalten. Außerdem entstehen unerwünschte kohlenstoffreiche Ablagerungen im Zeolithen, die zur Deaktivierung des Katalysators führen. Die Produktverteilung ist abhängig von den gewählten Prozessbedingungen und dem eingesetzten Katalysator. Bei der Verwendung von Zeolith ZSM-5 ist Propen das Hauptprodukt. Die ökonomische Attraktivität des MTO-Prozesses hängt einerseits von der Ausbeute an kurzkettigen

Olefinen und andererseits von der Langzeitstabilität der eingesetzten Katalysatoren ab.

Wird für den MTO-Prozess ein Festbettreaktor verwendet, so ist die Herstellung von mechanisch stabilen und gleichzeitig porösen Formkörpern erforderlich, damit der Druckverlust im Reaktor möglichst gering gehalten wird. Zur Formgebung wird bei konventionellen Katalysatoren hauptsächlich Aluminiumhydroxid als Bindermaterial zugegeben. In einer vorangegangenen Arbeit konnte gezeigt werden, dass auch die Wahl des Bindermaterials für die Formgebung einen Einfluss auf das Prozessverhalten hat [4]. Es zeigte sich, dass die Verwendung von Aluminiumphosphat-Hydrat ($AlPO_4$-Hydrat) als neuartiges Bindermaterial einige Vorteile gegenüber Aluminiumhydroxid bietet. Beispielsweise ist die entstehende Matrix aus $AlPO_4$ makroporös, wohingegen Aluminiumhydroxid eine mesoporöse Matrix aus γ-Aluminiumoxid (γ-Al_2O_3) bildet. Trotzdem sind die mit $AlPO_4$-gebundenen Extrudate mechanisch stabiler. Durch die höhere Porosität der Matrix wird der innere Stofftransport zum Zeolithkristall verbessert und die Ausbeute an kurzkettigen Olefinen kann erhöht werden. Zudem kommt es während der Formgebung nicht zu einem Einbau von zusätzlichen Aluminium-Atomen in das Zeolithgitter (Aluminierung), wodurch die ursprüngliche Azidität des eingesetzen ZSM-5 erhalten bleibt. Des Weiteren wird im für den MTO-Prozess typischen Temperaturbereich zwischen 400 °C und 500 °C kein Methan an der Matrix gebildet, wie dies bei γ-Al_2O_3-gebundenen Katalysatoren der Fall ist.

Werden die $AlPO_4$-gebundenen Katalysatoren außerdem in Kombination mit einem Vorreaktor verwendet, in dem bereits ein Großteil des eingesetzten Methanols an γ-Al_2O_3-Katalysatoren zu Dimethylether (DME) und Wasser umgesetzt wird, so wurde eine deutlich verlangsamte Deaktivierung des Katalysators durch Verkokung festgestellt. Auch in industriell durchgeführten MTO-Verfahren kommt ein solcher Vorreaktor zum Einsatz. Grund dafür ist in diesem Fall aber, dass dadurch bereits ein großer Teil der entstehenden Reaktionswärme freigesetzt wird und abgeführt werden kann [5, 6].

Das primäre Ziel dieser Arbeit war die Erstellung eines formalkinetischen Modells für den MTO-Prozess an $AlPO_4$/ZSM-5-Extrudaten in einem Festbettreaktor. Dabei wurde ein siliziumreicher ZSM-5 mit geringer Azidität (Si/Al-Verhältnis = 250) verwendet, da mit diesem eine optimale Olefinausbeute und insbesondere eine optimale Propenausbeute zu erwarten ist [4, 7].

In der Literatur gibt es bereits eine Vielzahl von Studien zum MTO-Prozess, die sich mit der Modellierung der Reaktionskinetik befassen. Die einzelnen Arbeiten unterscheiden sich in den verwendeten Katalysatoren und den betrachteten Prozessbedingungen. Neben unterschiedlichen Arten von Zeolithen wurden auch verschiedene Zeolithaziditäten untersucht. Die für die Erstellung eines Modells notwendigen experimentellen Untersuchungen wurden dabei entweder an reinem Zeolithen durchgeführt, oder es wurden Formkörper eingesetzt, die aluminiumhaltige Bindermaterialien enthielten. Wie bereits erwähnt, kann dabei nicht ausgeschlossen werden, dass sich die ursprüngliche Azidität der verwendeten Zeolithe während der Formgebung durch Aluminierung unkontrolliert verändert. Außerdem wurden die bisher durchgeführten Messungen ausschließlich mit Methanol im Eduktstrom durchgeführt und nicht mit einem Gemisch aus Methanol, DME und Wasser, welches jedoch bei industriell durchgeführten MTO-Verfahren verwendet wird. Desweiteren wurde in vielen Studien der Einfluss der Methanoleingangskonzentration nicht untersucht bzw. es wurde berichtet, dass die Variation der Eingangskonzentration keinen Einfluss auf die Produktverteilung hat [8]. Aus diesem Grund wurden zur Anpassung der experimentellen Daten fast ausschließlich Ansätze erster Ordnung für die Reaktionsgeschwindigkeiten verwendet. In einigen Fällen finden sich noch Ansätze zweiter Ordnung für die Abreaktionen der kurzkettigen Olefine.

Für die vielversprechenden $AlPO_4$-gebundenen, siliziumreiche ZSM-5 Extrudate gibt es dagegen noch kein belastbares Modell der Reaktionskinetik. Genauso wenig gilt dies für industrienahe Reaktionsbedingungen, also in einem Temperaturbereich zwischen 400 °C und 500 °C sowie unter Verwendung eines DME-Vorreaktors. Die Beschreibung der Reaktionskinetik ist aber wichtig, da diese zur

Reaktorauslegung und für die Prozessoptimierung durch Simulation verwendet werden kann.

In dieser Arbeit wurde zuerst eine intensive Prozessstudie an einer zweistufigen Laboranlage mit DME-Vorreaktor durchgeführt, bei der die Raumgeschwindigkeit, die Reaktionstemperatur sowie die Methanoleingangskonzentration variiert wurde. Zusätzliche wurden Messungen durchgeführt, bei denen ausgewählte Olefine einzeln sowie jeweils zusammen mit Methanol im Eduktstrom zudosiert wurden. Mit Hilfe der experimentell gewonnenen Daten und geeigneter Software wurde anschließend ein mathematisches Modell der Reaktionskinetik entwickelt.

2 Der MTO-Prozess

2.1 Hintergrund

Die Olefine Ethen und Propen bilden zusammen die mengenmäßig wichtigsten
Zwischenprodukte in der organischen Chemie. Im Jahre 2006 lag die weltweite
Jahresproduktion bei ca. 110 Millionen Tonnen Ethen und ca. 65 Millionen Tonnen Propen [9]. Der größte Teil des hergestellten Ethens und Propens wird in der
Kunststoffindustrie verwendet, wobei über die Hälfte beider Stoffe direkt zu den
Polymeren Polyethylen und Polypropylen weiterverarbeitet werden [1]. Weitere
wichtige Produkte sind Ethylen- und Propylenoxid, Vinylchlorid und Acrylnitril.

Die Herstellung von Ethen und Propen erfolgt zur Zeit noch hauptsächlich
durch Steamcracken und katalytisches Cracken (fluid catalytic cracking, FCC)
von Erdölfraktionen [2]. Das Hauptprodukt beim Steamcracken ist Ethen, wobei
der Anteil vom Einsatzstoff abhängt. In Europa und Asien wird vor allem Naphtha und in den USA sowie in arabischen Ländern überwiegend Ethan verwendet.
Beim Einsatz von Naphtha entstehen neben Ethen auch noch größere Mengen
Propen und Aromaten, beim Einsatz von Ethan dagegen überwiegend Ethen. Da
in Zukunft vermutlich immer mehr Steamcracker gebaut werden, die Ethan als
Einsatzstoff verwenden, wird die Produktion von Propen über das Steamcracken
zurückgehen. Das katalytische Cracken wird in der Raffinerie eingesetzt, um Ottokraftstoff aus dem Cracken von Vakuumgasöl, einem Produkt aus der Vakuumdestillation von Rohöl, zu erhalten. Hierbei entsteht Propen als ein Nebenprodukt. Durch Zugabe von ZSM-5 zum FCC-Katalysator können Propenausbeuten
von bis zu 25 % erreicht werden (s. Kapitel 2.9.3) [10].

Bei beiden genannten Verfahren ist Propen ein Koppelprodukt. Da in den kommenden Jahren eine steigende Nachfrage nach Propen erwartet wird, kann der Bedarf an Propen durch die bestehenden Verfahren voraussichtlich nicht mehr gedeckt werden und es entsteht eine Bedarfslücke (sogenannte *„propylene gap"*) [2, 3]. Daher ist es wichtig, Verfahren zu entwickeln, bei denen Propen als Hauptprodukt entsteht, um den Bedarf zu decken (sogenannte *„On-Purpose"*-Methoden). Weiterhin führen knapper werdende Erdölresourcen und damit steigende Erdölpreise dazu, dass in Zukunft die Rohstoffbasis für die Erzeugung von Ethen und Propen umgestellt werden muss.

Bereits Ende der 1960er Jahre wurde von Forschern der Firma Mobil Oil Corporation entdeckt, dass Methanol an sauren Zeolithkatalysatoren zu einem Gemisch aus Kohlenwasserstoffen umgesetzt werden kann. Übergeordnet wird diese Reaktionsgruppe als *methanol-to-hydrocarbons* (MTH) Prozess bezeichnet. Je nach Einstellung der Bedingungen kann zwischen zwei Varianten mit unterschiedlichen Zielprodukten unterschieden werden. Im sogenannten *methanol-to-gasoline* (MTG) Prozess sollen Kohlenwasserstoffe mit Kettenlängen der Benzinfraktion hergestellt werden, während im *methanol-to-olefins* (MTO) Prozess die Produktion der kurzkettigen Olefine Ethen und Propen das Hauptziel darstellt. Das benötigte Methanol wird über Synthesegas (CO/H_2) erzeugt. Dieses kann durch „Steam-Reforming" von Erdgas oder durch Vergasung von Kohle oder Biomasse hergestellt werden. Dadurch kommt es zu einer Verbreiterung der Rohstoffbasis für die Herstellung von Olefinen oder Benzin.

Zunächst wurde der MTG-Prozess genauer erforscht, um die Herstellung von Ottokraftstoff unabhängiger vom Rohstoff Erdöl zu machen. Als Folge der Ölkrisen in den 1970er Jahren beschloss die Regierung von Neuseeland den Bau einer MTG-Anlage, um unabhängiger von Erdölimporten zu werden [11]. Als Ausgangsstoff diente Erdgas, welches in den heimischen Gasfeldern gewonnen und in einem ersten Verfahrensschritt im ICI Niederdruckprozess zu Methanol umgesetzt wurde. Im zweiten Verfahrensschritt erfolgte daraus die Produktion von Benzin im Mobil MTG-Prozess, der in Festbettreaktoren an ZSM-5-Katalysatoren durchgeführt wurde. Die Anlage wurde auf eine Produktionskapazität von 570000 Tonnen Benzin pro Jahr ausgelegt. Durch den sinkenden Ölpreis in den 1980er Jahren kam es dann aber zur Einstellung der Produktion von Benzin, und nur noch die Herstellung von Methanol wurde betrieben. Das Interesse der Forschung blieb dagegen bestehen, und eine Verknappung der weltweiten Erdölvorkommen könnte die Betreibung eines kommerziellen MTG-Prozess in Zukunft wieder attraktiv machen.

Auch die Herstellung von Ethen und Propen im MTO-Prozess war jahrzehntelang Gegenstand der Forschung. Aufgrund des gestiegenen Bedarfs an kurzkettigen Olefinen ist in den letzten Jahren auch das Interesse an der Realisierung von großtechnischen MTO-Anlagen gestiegen. Eine genauere Beschreibung dieser Verfahren erfolgt in Kapitel 2.7.

In der Literatur findet sich mit dem sogenannten *„coupled methanol hydrocarbon cracking"*-Prozess (CMHC-Prozess) eine Weiterentwicklung des MTO-Prozesses. Dabei wird die exotherme Umwandlung von Methanol gemeinsam mit dem endothermen Cracken von Paraffinen in einem Reaktor durchgeführt, so dass keine Energie zu- oder abgeführt werden muss. Als Edukte werden Methanol und im Raffinerieprozess anfallende paraffinhaltige Stoffströme eingesetzt. Die Ausbeute an kurzkettigen Olefinen kann durch Crackreaktionen der Paraffine erhöht werden. Dazu sind allerdings Reaktionstemperaturen über 450 °C nötig. Eine Übersicht über durchgeführte Forschungen zum CMHC-Prozess geben Lücke *et al.* [12].

2.2 MTO-Katalysatoren

Für die Umsetzung von Methanol zu Kohlenwasserstoffen muss der eingesetzte Katalysator saure Eigenschaften besitzen und möglichst selektiv sein, um die Anzahl an entstehenden Kohlenwasserstoffen einzuschränken. Deshalb werden im MTO-Prozess saure Zeolithe als Katalysatoren verwendet. Diese bestehen aus Silizium- und Aluminiumoxidtetraedern, die miteinander verknüpft sind (s.

Abbildung 2.1). Durch das Aluminiumatom entsteht ein negativer Ladungsüberschuss im Zeolithgitter, der durch frei bewegliche Kationen kompensiert werden kann. Wird die negative Gitterladung durch ein Proton ausgeglichen, so entsteht ein Brønsted-saures Zentrum, welches für die katalytische Aktivität des Zeolithen sorgt. Die Anzahl an sauren Zentren entspricht somit der Anzahl an Aluminiumatomen und wird durch das Si/Al-Verhältnis charakterisiert. Neben diesen miteinander verbrückten OH-Gruppen gibt es noch Siliziumhydroxid-Gruppen (SiOH, sogenannte Silanolgruppen), die überwiegend an der Oberfläche der Zeolithkristalle zu finden sind. Da die Säurestärke dieser OH-Gruppen allerdings zu gering ist, spielen sie bei der Umsetzung von Methanol zu Kohlenwasserstoffen keine Rolle.

Durch die Art der dreidimensionalen Verknüpfung der Silizium- und Aluminiumoxidtetraeder ergibt sich für jeden Zeolithtypen eine charakteristische Porenstruktur. Diese Porenstruktur führt zu formselektiven Eigenschaften einiger Zeolithe. In ihrem Inneren können nur diejenigen Moleküle umgesetzt werden (Eduktselektivität) oder gebildet werden (Produktselektivität), die in den Zeolithporen Platz haben [13]. Bei der Bildung der Produkte kann es auch vorkommen, dass diese in Hohlräumen im Zeolithen entstehen, aber nicht durch die Poren in die Gasphase diffundieren können.

In vielen Forschungsarbeiten wurde der Einfluss von verschiedenen sauren Zeolithkatalysatoren auf den MTO-Prozess untersucht, über die Stöcker [14] eine gute Übersicht gibt. Die einzigen industriell verwendeten Katalysatoren sind derzeit nur ZSM-5 und SAPO-34. Diese sollen im Folgenden kurz beschrieben werden.

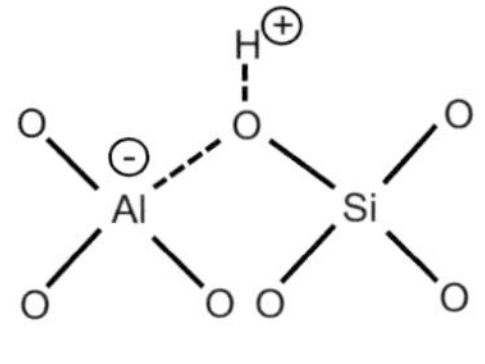

Abbildung 2.1: Schematische Darstellung eines Brønsted-sauren Zentrums in einem Zeolithen

2.2.1 Zeolith ZSM-5

Die Abkürzung ZSM-5 (**Z**eolite **S**ocony **M**obil No.**5**) ist die Bezeichnung für einen von einer Forschergruppe der Mobil Oil Corporation erstmals synthetisierten Zeolithen. Die regelmäßige Porenstruktur besteht aus geradlinig verlaufenden Poren in [010]-Richtung, die einen leicht elliptischen Querschnitt von $0,53 \times 0,56$ nm Durchmesser haben, und senkrecht dazu verlaufenden sinusförmige Poren in [100]-Richtung, mit einem Querschnitt von $0,51 \times 0,55$ nm (s. Abbildung 2.2). Die entstehenden Hohlräume an den Kreuzungspunkten haben einen Durchmesser von ca. 0,9 nm. ZSM-5 wird mit seinen 10-Ring-Poren zu den mittelporigen Zeolithen gezählt.

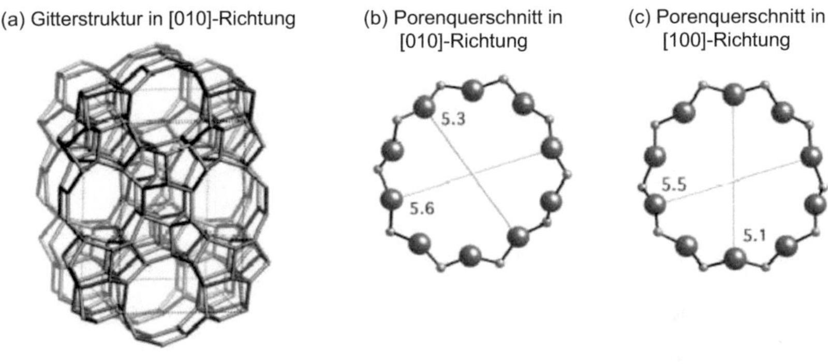

Abbildung 2.2: (a) Gitterstruktur von ZSM-5 und Porenquerschnitt in (b) [010]-Richtung und (c) [100]-Richtung aus [15]; Abmaße in Å

2.2.2 Molekularsieb SAPO-34

Die Namensgebung von SAPO-34 erfolgt aufgrund seiner chemischen Zusammensetzung. Dabei handelt es sich um ein **Si**liziumal**umo**p**ho**sphat, das aus Silizium-, Aluminium- und Phosphor-Tetraedern aufgebaut ist. Die Gitterstruktur besteht aus Hohlräumen mit ca. 1 nm Durchmesser (s. Abbildung 2.3), Die miteinander durch 8-Ring-Poren mit einem Durchmesser von 0,38 nm verbunden sind. SAPO-34 wird somit den kleinporigen Molekularsieben zugeordnet und gehört zur Strukturklasse der Chabazite.

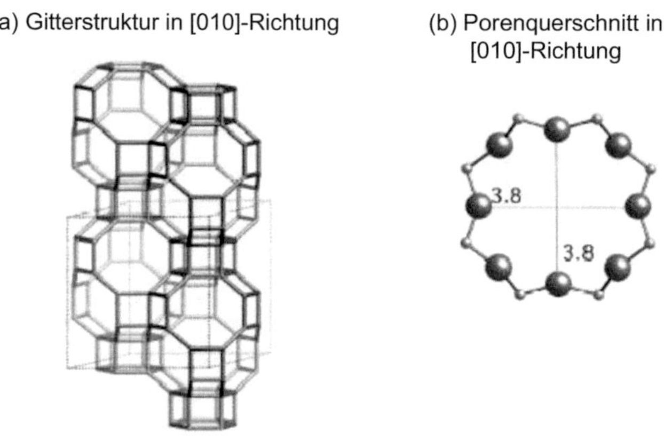

Abbildung 2.3: (a) Gitterstruktur von SAPO-34 und Porenquerschnitt in (b) [010]-Richtung aus [15]; Abmaße in Å

2.2.3 Einfluss der Zeolithstruktur auf den MTO-Prozess

Die unterschiedlichen Strukturen von ZSM-5 und SAPO-34 wirken sich auf die Produktverteilung und die Deaktivierung des Katalysators im MTO-Prozess aus. Durch die kleinen Porendurchmesser von SAPO-34 sind die Hauptprodukte die kurzkettigen Olefine Ethen und Propen, mit kohlenstoffbezogenen Ausbeuten von zusammen ca. 80 %. Des Weiteren kommt es zur Bildung von längerkettigen Olefinen im Bereich zwischen C_4 und C_6. Aromaten können dagegen nicht im Produktspektrum nachgewiesen werden. Diese werden zwar in den größeren Hohlräumen gebildet, können anschließend aber nicht durch die kleinen Poren aus dem Molekularsieb hinausdiffundieren. Stattdessen wachsen sie zu polyaromatischen Verbindungen, wodurch es zu einer raschen Deaktivierung durch koksartige Ablagerungen kommt. Beim Einsatz von SAPO-34 als Katalysator muss dies durch ein geeignetes Reaktorkonzept berücksichtigt werden (s. Kapitel 2.7).

ZSM-5 hingegen besitzt größere Porendurchmesser, so dass auch aromatische Verbindungen und längerkettige Olefine und Paraffine aus dem Zeolithen herausdiffundieren können und im Produktspektrum vorhanden sind. Dadurch wird die Ausbeute an Ethen und Propen kleiner, wobei Propen das Hauptprodukt darstellt und Ethen eine untergeordnete Rolle spielt. Die größte aromatische Verbindung, die noch in die Gasphase diffundieren kann ist tetra-Methylbenzol mit 10 C-Atomen [9]. Da die Hohlräume an den Kreuzungspunkten im ZSM-5 kleiner sind als die Hohlräume von SAPO-34, ist die Bildung von größeren polyaromatischen Verbindungen gehemmt. Die Folge ist eine langsamere Deaktivierung von ZSM-5 durch Verkokung.

2.2.4 Formgebung technischer Zeolithkatalysatoren

Zeolithe liegen nach der Synthese pulverförmig vor und haben einen Kristalldurchmesser zwischen ca. 0,1 bis 10 μm. Würden sie in dieser Form in einem Festbettreaktor eingesetzt werden, so wäre der Druckverlust für technische Anwendungen viel zu hoch. Auch für den technischen Einsatz in Wirbelschicht- oder Flugstromreaktor sind die Zeolithkristalle zu klein, da hier Katalysatorpartikel mit einem Durchmesser von ca. $20-150$ μm verwendet werden. Aus diesem Grund müssen die Zeolithe zu geeignete Katalysatorformkörpern verarbeitet werden. Für beide Anwendungsarten, sei es im Festbett- oder im Wirbelschichtreaktor, müssen die Formkörper eine gewisse mechanische Stabilität aufweisen. Deshalb bestehen diese nicht nur aus reinem Zeolith, sondern es wird noch ein Bindermaterial zugegeben. Der Binder bildet durch Erhitzen über 500 °C eine sogenannte Matrix mit erhöhter Festigkeit. Es ist zu berücksichtigen, dass der verwendete Binder eventuell auch die katalytischen Eigenschaften mit beeinflussen kann; darauf wird später noch eingegangen.

Das Zusammenfügen von pulverförmigen Ausgangsstoffen durch mechanische Verfahren wird allgemein als Agglomeration bezeichnet. Die Formgebung von Zeolithkatalysatoren erfolgt über Techniken wie die Extrusion, das Tablettieren oder das Granulieren für Festbettkatalysatoren oder durch Sprühtrocknung im Falle von Formkörpern für Wirbelschicht- bzw. Flugstromreaktoren [16, 17]. Im Folgenden soll auf die Extrusion als Formgebungsmethode näher eingegangen werden, da diese in der vorliegenden Arbeit verwendet wurde. Die Informationen darüber sind aus [18] entnommen.

Bei der Extrusion wird eine hochgefüllte Suspension durch eine Düse gepresst. Durch Verwendung verschiedener Düsen kann die Geometrie der Extrudate variiert werden, wobei zylinderförmige Extrudate die einfachste Form darstellen. Vor Beginn der Extrusion werden die festen Ausgangsmaterialien mit einer Flüssigkeit, normalerweise mit Wasser, und manchmal mit einem Plastifizierhilfsmittel (Zellulosederivate oder Polyalkohole) vermischt und geknetet, damit eine plastische, extrudierbare Masse entsteht. Diese wird anschließend entweder mit Hilfe eines Kolbens mit aufgesetztem Stempel durch die Düse gepresst (Kolbenextruder) oder durch die Drehung einer Schnecke in Richtung Düse transportiert (Schneckenextruder). Nach dem Austritt aus der Düse müssen die entstehenden Grünkörper auf die jeweils gewünschte Länge gebracht werden, beispielsweise durch rotierende Messer. Anschließend erfolgt die Trocknung und die Kalzinierung der Grünkörper. Durch die Kalzinierung bilden sich Feststoffbrücken zwischen den Partikeln in den Extrudaten aus, z. B. durch die Vernetzung von endständigen OH-Gruppen unter Wasserabspaltung oder durch Sintern.

Verwendete Bindermaterialien

Als Binder für Zeolithkatalysatoren können verschiedene Materialien wie zum Beispiel Tonmineralien, Siliziumoxid oder Aluminiumhydroxid eingesetzt werden [16]. Die industriell am häufigsten eingesetzten Bindermaterialien sind Bayerit [Al(OH)$_3$] oder Böhmit bzw. Pseudoböhmit [AlO(OH)], welche bei thermischer Behandlung in γ-Aluminiumoxid (γ-Al$_2$O$_3$) übergehen. Die Porengrößenverteilung bestimmt sich über die Partikelgröße des γ-Al$_2$O$_3$. Dominiert wird sie in der Regel von Mesoporen im Bereich zwischen 2–50 nm. Die Matrix aus γ-Al$_2$O$_3$ besitzt eine hohe mechanische Stabilität sowie eine gewisse Oberflächenazidität. Deshalb wird γ-Al$_2$O$_3$ häufig auch alleine als Katalysator verwendet, beispielsweise bei der Umsetzung von Methanol zu DME und Wasser [19]. Alternative Binder sind Silikagele und -sole, die eine Matrix aus Siliziumoxid (SiO$_2$) bilden. Der industrielle Einsatz scheitert hier jedoch häufig an der geringeren mechanischen Stabilität der erzeugten Formkörper [4].

In Vorgängerarbeiten am Institut für Chemische Verfahrenstechnik der Universität Karlsruhe (TH) konnte gezeigt werden, dass Aluminiumphosphat-Hydrat (AlPO$_4$-Hydrat) eine neuartiger, vielversprechender Binder für extrudierte Zeolithkatalysatoren sein kann [20]. Die festigkeitssteigernde Wirkung geht bei diesem Binder nicht auf Haftkräfte zwischen den Partikel zurück, sondern auf die Bildung einer kristallinen und sehr stabilen AlPO$_4$-Sintermatrix mit Tridymitstruktur, welche bei thermischer Behandlung der Grünkörper durch viskoses Sintern des zunächst amorphen Ausgangsmaterials entsteht. Durch den Sintervorgang kommt es gleichzeitig zu einer Volumenabnahme des Bindermaterials. Extrudate aus reinem AlPO$_4$-Hydrat schrumpfen um ca. 30 % im Durchmesser, sind relativ unporös (Porosität $\epsilon = 9,7\,\%$) und besitzen eine sehr geringe BET-Oberfläche von nur 0,07 m^2/g. Bei der Zugabe von Zeolith entsteht hingegen eine poröse Struktur, und die Verkleinerung der Extrudate im Durchmesser wird verringert, wobei beides von der Menge an zugegebenem Zeolith abhängt. Die Zeolithkristalle werden in die gesinterte Matrix eingebettet und sind ab einem Zeolithgehalt von 10 Gew-% vollständig zugänglich [20]. Die Porengrößenverteilung liegt im Bereich von Makroporen und hängt von der Menge und vor allem vom Kristalldurchmesser des Zeolithen ab. Für einen Zeolithgehalt in den Extrudaten von 50 Gew-% und höher beträgt der mittlere Porendurchmesser der Matrix ungefähr ein Viertel des Kristalldurchmessers.

Einfluss der Matrix

Die Matrix kann Einfluss auf die katalytischen Eigenschaften der Extrudate bei der Umsetzung von Methanol zu Olefinen haben. In der Arbeit von Mäurer [21] konnte gezeigt werden, dass es bei der Verwendung von Aluminiumhydroxyd als Binder zur Bildung von erheblichen Mengen an unerwünschtem Methan bei Reaktionstemperaturen über 400 °C kommt. Der Grund hierfür ist die Reaktion von Methanol zu Methan an den sauren Zentren der γ-Al_2O_3-Matrix aus. In der Arbeit von Freiding [4] konnte dagegen gezeigt werden, dass es beim Einsatz von SiO_2 und $AlPO_4$ nicht zur Bildung von Methan bei diesen Temperaturen kommt, wodurch die Ausbeute an kurzkettigen Olefinen höher ist. Da die Bildung von Methan auch mit der Bildung von Koks verknüpft ist [22], hat die Wahl des Bindermaterials auch eine Auswirkung auf die Deaktivierung der eingesetzten Katalysatoren. Die Verwendung von inertem Bindermaterial kann somit auch zu einer Standzeitverlängerung der Katalysatoren beitragen.

Weiterhin ist aus der Literatur bekannt, dass der Einsatz von Aluminiumhydroxid als Binder zu einer Veränderung der Zeolithazidität führt, da Aluminium aus dem Binder in das Zeolithgitter eingebaut wird [23, 24]. Dadurch erhöht sich die Anzahl an sauren Zentren und die Zeolithe haben nicht mehr das ursprüngliche Si/Al-Verhältnis. Dieser Vorgang, der als Aluminierung bezeichnet wird, wurde allerdings nur beobachtet, wenn beim Vermischen von Binder und Zeolith Wasser anwesend ist [23]. Bei einer trockenen Vermischung der beiden Pulver trat dieser Effekt nicht auf. Daraus wurde geschlossen, dass Aluminium in hydratisierter Form, beispielsweise als $Al(H_2O)_6^{3+}$, in den Zeolithen gelangt und dort wahrscheinlich während der thermischen Behandlung (Kalzinieren) in das Zeolithgitter eingebaut wird. Die Bildung von neuen sauren Zentren wurde auch bei bereits gebundenen Zeolithen beobachtet, wenn diese mit Wasserdampf bei 427 °C behandelt wurden. In der Arbeit von Freiding [4] konnte gezeigt werden, dass es beim Einsatz von $AlPO_4$-Hydrat als Binder im Gegensatz zu Aluminiumhydroxid nicht zur Aluminierung des Zeolithen kommt, obwohl das Bindermaterial auch hier Aluminium enthält. Der Zeolith behält also sein ursprüngliches

Si/Al-Verhältnis. Dadurch können Katalysatoren mit der optimalen Azidität hinsichtlich der Ausbeute an gewünschten Produkten eingesetzt werden.

Wie im vorherigen Abschnitt erwähnt wurde, hat der Einsatz verschiedener Binder zur Folge, dass sich in der Matrix Poren mit unterschiedlicher Größenverteilung ausbilden. So liegen in der Matrix aus γ-Al_2O_3 und SiO_2 Mesoporen vor, während sich bei $AlPO_4$ eine makroporöse Matrix ausbildet. In der Arbeit von Freiding [4] konnte gezeigt werden, dass die Porengrößenverteilung der Matrix einen Einfluss auf die Summenselektivität zu Ethen und Propen sowie auf die Aktivität hat. Dabei wurden Extrudate mit einer Matrix aus SiO_2 und $AlPO_4$ miteinander verglichen, da beide keine Eigenaktivität aufweisen, aber unterschiedliche Porengrößen ausbilden. Durch die makroporöse Struktur der $AlPO_4$-Matrix wird die Summenselektivität zu Ethen und Propen um ca. $2-5\,\%$ erhöht und auch die Aktivität ist höher, vor allem ab Temperaturen über $400\,^\circ C$, bei denen es bei SiO_2 schon zu Limitierungen durch den inneren Stofftransport kommt.

2.3 Reaktionsablauf

Bei der Umsetzung von Methanol zu Kohlenwasserstoffen laufen eine Vielzahl von einzelnen Reaktionen ab. Übergeordnet kann der Prozess in fünf Reaktionsabschnitte unterteilt werden [25].

Primär kommt es zur säurekatalysierten Gleichgewichtsreaktion von Methanol zu Dimethylether (DME) und Wasser. Eine genaue Beschreibung des ablaufenden Mechanismus an ZSM-5 findet sich bei Park und Froment [26]. Da dieser Schritt sehr schnell abläuft, wird Methanol und DME häufig als eine Eduktspezies betrachtet [27] (s. a. Kapitel 2.8).

Der zweite Reaktionsabschnitt, die sogenannte Induktionsphase, tritt nur an frischen Katalysatorschüttungen auf [25]. Dabei steigt der Umsatz an Methanol kontinuierlich an und erreicht erst nach einer gewissen Zeit einen stationären Wert. Die Dauer der Induktionsphase hängt vom eingesetzten Katalysator und den Reaktionsbedingungen ab. Bei Versuchen an verschiedenen Katalysatoren im Temperaturbereich zwischen 250 °C und 300 °C wurden von Langner [28] Induktionsphasen von 1 - 2 h beobachtet, in denen der Umsatz an Methanol von 0 % auf 80 % anstieg. Durch die Zugabe von Olefinen oder Alkoholen konnte die Induktionsphase deutlich verkürzt werden. Bei der Verwendung von Cyclohexanol wurde keine Induktionsphase mehr beobachtet. Die Erhöhung der Reaktionstemperatur führt ebenfalls zu einer Verkürzung der Induktionsphasendauer. Goguen *et al.* [29] berichten über Zeiten von ca. zwei Sekunden bei 370 °C an ZSM-5-Katalysatoren.

Im dritten Reaktionsabschnitt kommt es zur Bildung der ersten Kohlenwasserstoffe. Da dies ein zentraler Schritt des gesamten Prozesses ist, wurde bis heute ein großer Forschungsaufwand betrieben, um den Mechanismus der Bildung der ersten C-C-Bindung zu ermitteln. Zunächst wurde davon ausgegangen, dass Methanol bzw. DME zuerst direkt zu Ethen umgewandelt wird und es dann durch Methylierungsreaktionen zum Kettenwachstum der Olefine kommt. Für die Bildung des Ethens wurden bis zu 20 verschiedene Mechanismen in der Literatur vorgeschlagen [25]. Diese Mechanismen und die anschließenden Methylierungsreaktionen werden zusammenfassend als *konsekutiver* bzw. *direkter Mechanismus* bezeichnet. Intermediäre Spezies bei der Bildung von Ethen können Carbeniumionen, Carbene, freie Radikale oder Methoxygruppen sein. Doch immer wieder konnten auftretende Ergebnisse nicht mit dem direkten Mechanismus erklärt werden. Es zeigte sich beispielsweise, dass das Ethen/Propen-Verhältnis mit sinkendem Umsatz abnimmt, was gegen Ethen als einziges Primärprodukt spricht [30]. Auch konnte das Auftreten einer Induktionsphase nicht plausibel erklärt werden und es wurde nachgewiesen, dass schon bereits während der Induktionsphase mehr Propen als Ethen entsteht [25].

In den 1990er Jahren wurde von Dahl und Kolboe der sogenannte *Kohlenwasserstoff-Pool-Mechanismus* vorgeschlagen [31, 32, 33], welcher heute im Allgemeinen akzeptiert wird. Auf diesen wichtigen Mechanismus soll in Kapitel 2.4 näher eingegangen werden. Etwas spätere Untersuchungen zum Kohlenwasserstoff-Pool-Mechanismus von Bjørgen *et al.* [34] an ZSM-5-Katalysatoren führten zu einer Modifikation des Mechanismus, dem sogenannten „*dual-cycle*"-*Mechanismus*, der in Kapitel 2.5 näher beschrieben wird.

Im vierten Reaktionsabschnitt laufen Sekundärreaktionen der primär gebildeten Olefine ab, wodurch ein Gemisch aus verschiedenen Kohlenwasserstoffen entsteht. Es handelt sich dabei um Methylierungs- und Oligomerisierungsreaktionen, um internen Hydridtransfer und Ringschlussreaktionen. Des Weiteren finden vor allem bei höheren Temperaturen Crackreaktionen zu den kurzkettigen Olefinen, hauptsächlich zu Propen statt. Da es in dieser Arbeit für die Aufstellung eines kinetischen Modells wichtig war, Folgereaktionen zu identifizieren, werden in Kapitel 2.9 die prinzipiell möglichen Reaktionen von Olefinen an sauren Zeolithen genauer erläutert.

Im fünften und letzten Abschnitt des MTO-Prozesses kommt es zur Deaktivierung des Katalysators [35]. Durch die Bildung von kohlenstoffreichen Ablagerungen auf und im Porensystem des Zeolithen, in der Literatur häufig als Koks bezeichnet, kommt es zu einer reversiblen Deaktivierung. Diese Ablagerungen können die Poren vollständig blockieren („*pore blockage*"), sich in den Poren ablagern und dadurch die Diffusion behindern oder direkt die sauren Zentren blockieren („*site coverage*"). Durch oxidativen Abbrand des Kokses ist es möglich, den Katalysator wieder zu regenerieren. Die Art der an der Deaktivierung beteiligten Substanzen und der Ort der Koksbildung sind stark von den Reaktionsbedingungen und der Porenstruktur des eingesetzten Zeolithen abhängig (s. Kapitel 2.2.3). In der vorangegangenen Arbeit von Freiding [4] konnte außerdem gezeigt werden, dass die Deaktivierung langsamer voranschreitet, wenn ein Gemisch aus Methanol, DME und Wasser anstelle von reinem Methanol zudosiert wird. Dazu wurde ein Vorreaktor verwendet, in dem die oben genannte Gleichgewichtsreaktion von Methanol zu DME und Wasser an γ-Al_2O_3-Katalysatoren abläuft. Zusammen mit dem in Kapitel 2.2.4 beschriebenen makroporösen $AlPO_4$ als Bindermaterial konnte die Standzeit deutlich verlängert werden, wobei die besten Ergebnisse mit einem Zeolithen mit relativ geringer Azidität (Si/Al = 250) erzielt wurden. Allgemein stellt die Verkokung ein großes Problem in der Realisierung eines wirtschaftlichen MTO-Prozesses dar. Bei der Planung des Prozesses müssen geeignete Maßnahmen zur Katalysatorregeneration berücksichtigt werden, auf die bei der Beschreibung der industriellen MTO-Prozesse näher eingegangen werden soll (s. Kapitel 2.7).

Neben der reversiblen kann es auch zu einer irreversiblen Deaktivierung der Zeolithkatalysatoren kommen. Beispielsweise kann es während der Regeneration zu einer Schädigung der Zeolithstruktur durch lokale Temperaturspitzen kommen. Des Weiteren kann die Anwesenheit von Wasserdampf bei hohen Temperaturen zu einer Dealuminierung des Zeolithen führen, d. h. Aluminium löst sich als Oxid aus dem Zeolithgitter, wodurch die Anzahl an Brønsted-sauren Zentren reduziert wird [36]. Mit steigendem Al-Gehalt im Zeolithen nimmt die Neigung zur Dealuminierung zu. ZSM-5 mit großem Si/Al-Verhältnis ist beständiger gegen diese Art der Deaktivierung. Außerdem konnte gezeigt werden, dass an ZSM-5 erst bei Temperaturen über 450 °C in Kombination mit 50 Gew-% zusätzlich zudosiertem Wasser eine Dealuminierung stattfindet; wird die Temperatur auf 500 °C erhöht, so reicht schon reines Methanol im Eduktstrom und das bei der Reaktion erzeugte Wasser aus [37]. In dieser Arbeit wurde ZSM-5 mit einem hohen Si/Al-Verhältnis von 250 eingesetzt, so dass eine Deaktivierung durch Dealuminierung ausgeschlossen werden kann.

2.4 Kohlenwasserstoff-Pool-Mechanismus

Dahl und Kolboe [31, 32, 33] konnten durch die Umsetzung von isotopenmarkiertem Methanol (^{13}C-MeOH) mit Ethen (^{12}C-Ethen) bzw. Propen (^{12}C-Propen) an SAPO-34-Katalysatoren zeigen, dass die gebildeten Kohlenwasserstoffe in der Hauptsache aus ^{13}C-Kohlenstoffatomen bestehen und somit aus dem zudosierten Methanol stammen müssen, wohingegen nur wenige Reaktionsprodukte mit gemischter Verteilung an ^{13}C- und ^{12}C-Atomen auftraten. Somit konnten für Propen und Ethen die im konsekutiven Mechanismus vorgeschlagenen Methylierungsreaktionen nicht bzw. nur in sehr geringem Maße beobachtet werden.

Stattdessen wurden Hinweise gefunden, dass der Mechanismus der Bildung von kurzkettigen Olefinen über aromatische Verbindungen abläuft, die an den sauren Zentren der Zeolithe adsorbiert sind. Dabei wird kontinuierlich Methanol bzw. DME unter Abspaltung von Wasser an den Aromaten angelagert und Olefine unterschiedlicher Kettenlänge abgespalten. Dieser Mechanismus wird daher *Kohlenwasserstoff-Pool-Mechanismus* bzw. auch *paralleler Mechanismus* genannt. Ähnliche Untersuchungen mit isotopenmarkiertem Methanol an ZSM-5-Katalysatoren zeigten, dass der Mechanismus auch an diesen Kontakten Gültigkeit hat [38, 39]. Der Kohlenwasserstoff-Pool-Mechanismus liefert eine Erklärung für die Bildung der kurzkettigen Olefine aus Methanol und hat in der Literatur in den letzten Jahren allgemein Akzeptanz erlangt, da er überzeugende Argumente liefert. Dieser Mechanismus ersetzt aber nicht vollständig die ursprünglichen Vorstellungen über die Abläufe bei der Umsetzung von Methanol. Sekundärreaktionen, zu denen auch die Methylierungen der primär gebildeten Olefine gehören, laufen unabhängig und parallel zu diesem Mechanismus ab (s. Kapitel 2.3). In den folgenden Abschnitten werden die am Kohlenwasserstoff-Pool beteiligten Substanzen, der Ursprung dieser Substanzen und die Bildung der Olefine genauer beschrieben.

2.4.1 Substanzen des Kohlenwasserstoff-Pools

Bereits in frühen Studien von Mole *et al.* [40, 41] konnte gezeigt werde, dass Toluol als sogenannter „Co-Katalysator" für die MTO-Reaktionen dient und somit Aromaten in irgendeiner Weise am Reaktionsgeschehen teilnehmen. Später konnte mit Untersuchungen der Reaktionen von isotopenmarkiertem ^{13}C-Methanol zusammen mit ^{12}C-Aromaten (Benzol, Toluol) an unterschiedlichen Zeolithen (H-ZSM-5, H-Beta und H-Modernit) gezeigt werden, dass Aromaten keine Endprodukte im MTO-Prozess sind, sondern katalytisch aktiv an der Reaktion teilnehmen [42]. Es konnten ^{12}C-Atome aus den Aromaten in den gebildeten Olefinen nachgewiesen werden, genauso wie ^{13}C-Atome in den Aromaten. Weiterführende Untersuchungen wurden zunächst hauptsächlich an SAPO-34 und Zeolith H-Beta durchgeführt. Bei SAPO-34 verbleiben die Aromaten aufgrund der kleinen Poren in den Chabazit-Käfigen (s. Abbildung 2.3) und sind somit besser zu beobachten (s. Kapitel 2.2.2). H-Beta gehört dagegen zu den großporigen Zeolithen, so dass es bei Einsatz von diesen Kontakten möglich war, Aromaten bis zu einer Größe von hexa-Methylbenzol zusammen mit Methanol zu dosieren. Es konnte gezeigt werden, dass es sich bei den aromatischen Verbindungen, die für den Kohlenwasserstoff-Pool verantwortlich sind, um polymethylierte Aromaten handelt. Arstad und Kolboe [43] beobachteten nach Abschalten des Methanolstroms, dass penta- und hexa-Methylbenzol sehr rasch verschwinden und di-, tri- und tetra-Methylbenzole, sowie Ethen und Propen gebildet werden. Des Weiteren konnte gezeigt werden, dass die katalytische Aktivität der Methylbenzole mit steigendem Methylierungsgrad zunimmt [43, 44]. Außerdem konnte ein Zusammenhang zwischen der Selektivität und der Anzahl an Methylgruppen gefunden werden. An SAPO-34 entsteht Ethen hauptsächlich an di- und tri-Methylbenzol, wogegen Propen an tetra- bis hexa-Methylbenzol entsteht [45]. Auch an ZSM-5-Katalysatoren wurden Studien zum Kohlenwasserstoff-Pool durchgeführt [29, 34, 46]. Haw *et. al.* [46] konnten nachweisen, dass neben polymethylierten Benzolen auch Cyclopentenyl-Kationen an der Umsetzung von Methanol beteiligt sind. Bjørgen *et al.* [34] zeigten, dass an ZSM-5 auch penta- und hexa-Methylbenzole an den Kreuzungspunkten der Porenkanäle entstehen, diese aber anders als bei SAPO-34 und H-Beta nicht bzw. kaum an der Reaktion teilnehmen. Dagegen sind di- und tri-Methylbenzole an ZSM-5 wesentlich reaktivere Kohlenwasserstoff-Pool-Substanzen bei der Methanolumsetzung (s. a. Kapitel 2.5). Zusammenfassend läßt sich sagen, dass polymethylierte Benzole eine entscheidende autokatalytische Rolle im Kohlenwasserstoff-Pool-Mechanismus einnehmen, dass die exakte Zusammensetzung des Kohlenwasserstoff-Pools aber von den eingesetzten Katalysatoren abhängt [47].

2.4.2 Ursprung der aromatischen Verbindungen

Eine wichtige Frage bei der Erforschung des Kohlenwasserstoff-Pool-Mechanismus war, woher die aromatischen Verbindungen des Kohlenwasserstoff-Pools stammen, die nötig sind, um die Reaktion überhaupt in Gang kommen zu lassen. Es stellte sich also weiterhin die Frage, wie die erste C−C-Bindung entsteht, und als Erklärung wurde zunächst wieder der konsekutive Mechanismus mit seinen möglichen Zwischenprodukten (s. Kapitel 2.3) herangezogen. Eine Vorstellung ist, dass während der Induktionsphase zunächst nach dem konsekutiven Mechanismus Olefine und daraus Aromaten gebildet werden und erst ab einer gewissen Konzentration an Aromaten die Umsetzung von Methanol nach dem Kohlenwasserstoff-Pool-Mechanismus abläuft. In einer Studie von Wang *et al.* [48] konnten Methoxylgruppen als Intermediate mittels ^{13}C NMR MAS nachgewiesen werden. Diese reagieren dann durch Methylierungen zu Aliphaten (z.B. Propan, Isobutan) und polymethylierten Aromaten. Auch von Haw *et al.* [25, 49, 50] wurde zu Beginn diese Meinung vertreten, doch nach sorgfältiger Untersuchung der Induktionsphase wurde geschlussfolgert, dass keine direkte Reaktion von Methanol bzw. DME zu den Olefinen stattfindet. Vielmehr wurde die Entstehung des Kohlenwasserstoff-Pools auf organische Verunreinigungen im eingesetzten Methanol und auf organische Rückstände im Zeolithen zurückgeführt. So konnte beispielsweise beim Einsatz von hochreinem Methanol keinerlei Umsatz gemessen werden. Eine genaue Aussage über die Entstehung der aromatischen Verbindungen lässt sich nicht treffen, da schwer zu bewerten ist, welche der beiden gezeigten Theorien zutrifft. Unabhängig davon ist aber die Zeit, die für die Bildung der Substanzen des Kohlenwasserstoff-Pools benötigt wird, eine Erklärung für das Auftreten der in Kapitel 2.3 beschriebenen Induktionsphase.

2.4.3 Olefinbildung

Die Untersuchungen zur Bildung der Olefine über den Kohlenwasserstoff-Pool-Mechanismus wurden hauptsächlich am Zeolithen H-Beta durchgeführt (s. Kapitel 2.4.1). Bei den hier abgebildeten Reaktionspfaden über hexa-Methylbenzol handelt es sich um die Hauptreaktionspfade, die an diesem Zeolithtypen ablaufen. Dadurch soll eine Vorstellung über die möglichen Abläufe vermittelt werden. Prinzipiell verlaufen die Reaktionen bei den anderen Zeolithtypen ähnlich ab, wenn auch an anderen polymethylierten Benzolen.

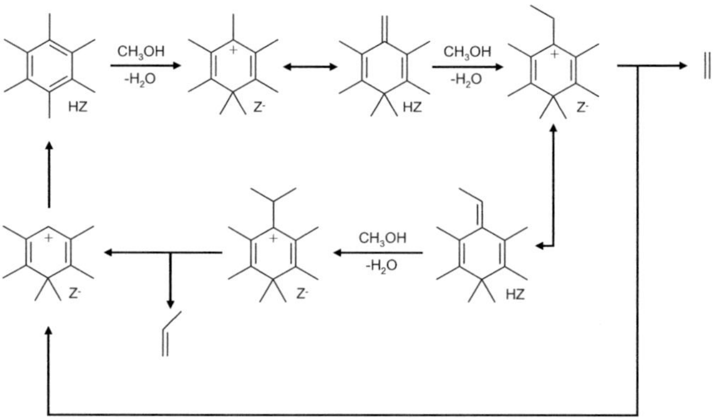

Abbildung 2.4: Möglicher Reaktionspfad zur Bildung von Ethen und Propen an Zeolith H-Beta durch Methylierung der Seitenkette (*exocyclic methylation reaction*) aus [25, 47]

Vorgeschlagen wurden zwei Hauptreaktionspfade zur Bildung der Olefine an den aromatischen Verbindungen [47]. Zum einen kann eine Methylierung an der Seitenkette (*exocyclic methylation reaction*) stattfinden (s. Abbildung 2.4). Diese führt ausschließlich zur Bildung von Ethen und Propen, wogegen die Bildung von Buten aus sterischen Gründen selbst im großporigen Zeolithen H-Beta nicht möglich ist. Es kommt dabei nicht zu einem Austausch zwischen den C-Atomen im aromatischen Ring und in der Seitenkette. Zum anderen kann es zum Seiten-

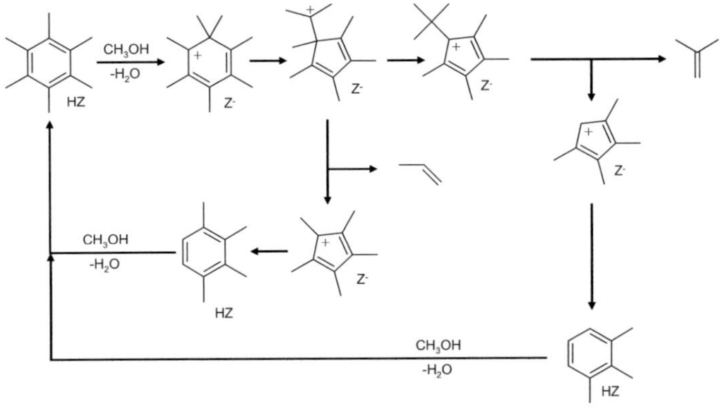

Abbildung 2.5: Möglicher Reaktionspfad zur Bildung von Propen und Isobuten an Zeolith H-Beta über das Seitenkettenwachstum durch Ringkontraktion (*paring reaction*) aus [47]

kettenwachstum durch Kontraktion des Rings (*paring reaction*) kommen (s. Abbildung 2.5). Dies führt hauptsächlich zur Bildung von Propen und Isobuten. Bei diesem Reaktionspfad findet ein Austausch zwischen den C-Atomen im aromatischen Ring und in der Seitenkette statt. Dieser Reaktionspfad ist bei der Bildung der Olefine eher dominierend, kann aber durch den Einsatz von Zeolithen mit geringerer Säurestärke abgeschwächt werden.

2.5 „Dual-cycle“-Mechanismus

Bjørgen *et al.* [34] führten an ZSM-5 Untersuchungen zum Kohlenwasserstoff-Pool durch, mit dem Ziel den Einfluss der polymethylierten Aromaten auf die Reaktion an diesem Zeolithen zu untersuchen. Durch Messungen mit isotopenmarkiertem ^{13}C-Methanol konnte dabei gezeigt werden, dass sich der Ablauf der Reaktionen gegenüber denen an H-Beta unterscheidet [51]. Wie bereits im vorherigen Kapitel erwähnt, sind zwar penta- und hexa-Methylbenzole in den

Zeolithporen zu finden, allerdings sind diese im Gegensatz zur Reaktion an H-Beta und SAPO-34 unreaktiv (s. Kapitel 2.4.1). Dagegen weist Ethen den selben ^{13}C-Gehalt wie die di- und tri-Methylbenzole auf, weshalb darauf geschlossen wurde, dass Ethen aus diesen Aromaten gebildet wird. Außerdem zeigte sich, dass Propen und die längerkettigen Olefine in großem Maße aus einer Reihe von Methylierungs- und Crackreaktionen gebildet werden. Dies führte zu dem Schluss, dass die Bildung von Ethen und Propen an ZSM-5 mechanistisch voneinander getrennt sein muss und beide Produkte über zwei simultan verlaufende Reaktionszyklen entstehen. Entsprechend wurde ein neuer Mechanismus für den MTO-Prozess an ZSM-5-Katalysatoren vorgeschlagen, der sogenannte *„dual-cycle"-Mechanismus* (s. Abbildung 2.6). Der Ablauf soll im Folgenden erläutert werden.

Im ersten Reaktionszyklus wird Ethen nach den Vorstellungen des Kohlenwasserstoff-Pool-Mechanismus (s. Kapitel 2.4) durch die kontinuierliche Abspaltung aus di- und tri-Methylbenzol und die anschließende Methylierung der Aromaten gebildet. Da die gebildeten Aromaten aufgrund ihrer Größe die Zeolithporen verlassen können, sind auch diese im Produktspektrum vorhanden. Im zweiten Reaktionszyklus spielt wie bereits erwähnt Propen eine wichtige Rolle. Dieses reagiert mit Methanol bzw. DME über Methylierungsreaktionen zu höheren Kohlenwasserstoffen, welche wiederum zu Propen gecrackt werden. Ähnlich wie die Aromaten können auch die höheren Olefine schon vorzeitig den Zeolithen verlassen, wodurch die große Produktverteilung an ZSM-5 zu erklären ist. Durch Ringschlussreaktionen und intermolekularen Wasserstofftransfer wird eine Verbindung zwischen beiden Reaktionszyklen vorgeschlagen und es kommt zusätzlich zur Bildung von Alkanen.

Zusammenfassend lässt sich sagen, dass dieser neu formulierte Mechanismus eine Modifikation des Kohlenwasserstoff-Pool-Mechanismus darstellt, bei dem auch ablaufende Sekundärreaktionen mit berücksichtigt werden. Da in dieser Arbeit auch mit ZSM-5-Katalysatoren gearbeitet wurde, wird dieser Mechanismus bei der Diskussion der Ergebnisse mit berücksichtigt. Die Bildung der ersten

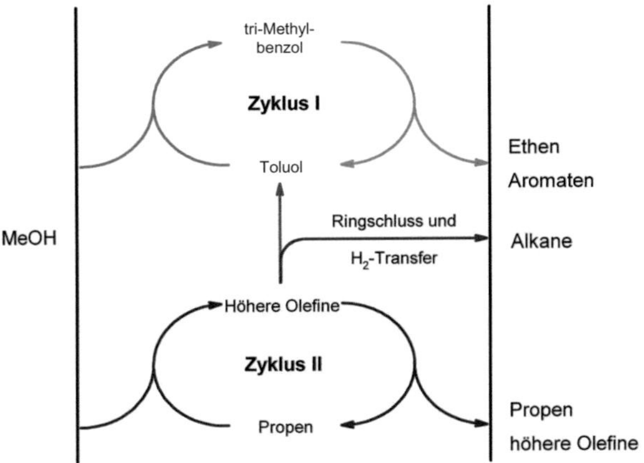

Abbildung 2.6: Schematische Darstellung des „dual-cycle"-Mechanismus für die Umsetzung von Methanol an ZSM-5 aus [34].

Propenmoleküle wird durch diesen Mechanismus jedoch nicht erklärt, so dass hierfür noch immer der Kohlenwasserstoff-Pool-Mechanismus in Frage kommen kann.

2.6 MTO-Prozessbedingungen

Die Produktverteilung bei der Umwandlung von Methanol zu Kohlenwasserstoffen hängt nicht nur von den Eigenschaften des eingesetzten Zeolithen ab (s. Kapitel 2.2.3), sondern auch von den Prozessbedingungen, bei denen die Reaktion durchgeführt wird. Dabei sind allgemein Temperaturen zwischen 400 °C und 500 °C und Atmosphärendruck günstiger für die MTO-Prozessvariante, während der MTG-Prozess am besten bei Temperaturen zwischen 300 °C und 400 °C sowie erhöhten Drücken bis 23 bar durchgeführt wird. Trotz einer Vielzahl von Arbeiten zum MTO-Prozess gibt es nur eine geringe Anzahl, in denen systematisch der Zusammenhang zwischen den Katalysatoreigenschaften (z. B. Si/Al-Verhältnis) und den Prozessbedingungen untersucht wurde.

Schon sehr früh wurden von Chang *et al.* [7] Ergebnisse über den Einfluss der Reaktionstemperatur und des Si/Al-Verhältnisses auf die Ausbeute an kurzkettigen Olefinen an ZSM-5-Katalysatoren vorgestellt. Es konnte gezeigt werden, dass Reaktionstemperaturen zwischen 450 °C und 500 °C in Kombination mit einem Si/Al-Verhältnis des Zeolithen von 250 optimale Betriebsbedingungen darstellen. Als Erklärung dafür wurde die Entkopplung der Olefinbildung von der Aromatenbildung angegeben. Bei den durchgeführten Messungen wurde jedoch nur die Summenselektivität zu den C_2- bis C_5-Olefinen betrachtet. Zu einem ähnlichen Ergebnis kamen auch Dehertog und Froment [52], die eine optimale Ausbeute an C_2- bis C_4-Olefinen an ZSM-5-Katalysatoren mit einem Si/Al-Verhältnis von 200 und hohen Reaktionstemperaturen (480 °C) erzielten. Zudem zeigte sich, dass sich die einzelnen Olefine unterschiedlich verhalten und die Ausbeute nur in Summe zunimmt. Denn mit einer Erhöhung der Temperatur werden nur die Ausbeuten an Propen und den Butenen erhöht, während die Ethenausbeute abnimmt. Dies ist mit dem Auftreten von Crackreaktionen höherer Kohlenwasserstoffe zu hauptsächlich Propen bei höheren Temperaturen zu erklären (s. Kapitel 2.3 und 2.9). Dass Ethen ein anderes Verhalten als Propen und die Butene zeigt, lässt sich zudem mit dem „dual-cycle"-Mechanismus an ZSM-5 erklären (s. Kapitel 2.5), da die Bildung von Ethen vermutlich getrennt von der Bildung von Propen und den Butenen abläuft.

Bei den gezeigten Studien gilt es zu beachten, dass die Messungen nur bei sehr hohen Methanolumsätzen durchgeführt wurden und die Schlussfolgerungen somit nur in diesem Umsatzbereich gelten. Des Weiteren wurden die Messungen, wie häufig in der Literatur, nur an reinem Zeolithen durchgeführt und nicht an technischen Katalysatorformkörpern. In der vorangegangenen Arbeit von Freiding [4] wurde der Temperatureinfluss und der Einfluss des Si/Al-Verhältnisses auf die beiden Wertprodukte Ethen und Propen an technischen ZSM-5-Katalysatoren (s. Kapitel 2.2.4) betrachtet. Auch hier konnte gezeigt werden, dass mit einem Si/Al-Verhältnis von 250 und Reaktionstemperaturen zwischen 400 °C und 500 °C optimale Ausbeuten an kurzkettigen Olefinen (C_2 und C_3) erzielt werden können.

Chang *et al.* [53] untersuchten ebenfalls sehr früh den Einfluss des Drucks auf die Ausbeute an kurzkettigen Olefinen. Dabei führte eine Verringerung des Methanolpartialdrucks zu einer Erhöhung der Ausbeute an C_2- bis C_5-Olefinen auf Kosten von höheren Kohlenwasserstoffen (C_{6+}). Auch bei dieser Studie wurde keine Unterscheidung zwischen den einzelnen kurzkettigen Olefine gemacht. Erst Dehertog und Froment [52] betrachteten, wie schon beim Temperatureinfluss, den Einfluss des Methanolpartialdrucks auf die Ausbeute an C_2- bis C_4-Olefinen in Summe und im Einzelnen. Dabei wurden die Untersuchungen an ZSM-5-Katalysatoren mit einem Si/Al-Verhältnis von 200 durchgeführt, da dieser sich als optimal erwies. Für die Ausbeute an Propen und den Butenen war ein geringerer Methanolpartialdruck günstiger, während eine höhere Ausbeute an Ethen bei erhöhtem Partialdruck erzielt werden konnte. In Bezug auf die Summe der Ausbeuten an C_2- bis C_4-Olefinen konnte aber die selbe Aussage wie bei Chang *et al.* [53] getroffen werden: Ein geringerer Methanolpartialdruck begünstigt die Bildung der kurzkettigen Olefine. Auch bei diesen Studien muss, wie bereits bei den Studien zum Temperatureinfluss, beachtet werden, dass der Umsatz an Methanol stets fast vollständig war und kaum variiert wurde. Ferner wurden die Messungen nur an reinen Zeolithkatalysatoren durchgeführt. Gebundene Zeolithkatalysatoren wurden zwar bei der Bestimmung von kinetischen Modellen verwendet. Hier wurde bisher aber nicht über einen Einfluss des Methanolpartialdrucks auf die Produktverteilung berichtet (s. Kapitel 2.8).

2.7 Industrielle MTO-Prozesse

Die Firmen Lurgi und UOP/Hydro bieten verschiedene marktreife Prozesstechnologien für die Umsetzung von Methanol an, und erste Anlagen befinden sich in Nigeria und China in Bau bzw. Planung. Die beiden Prozesse werden in den folgenden Abschnitten genauer beschrieben. Generell ist für die Realisierung eines wirtschaftlichen MTO-Prozesses eine hohe Olefinausbeute erforderlich sowie außerdem eine lange Standzeit der Katalysatoren, wenn ein Festbettprozess gewählt wird.

2.7.1 UOP/Hydro-Prozess

Die Umsetzung von Methanol wird beim UOP/Hydro MTO-Prozess an SAPO-34-Katalysatoren durchgeführt [54]. Wie bereits in Kapitel 2.2 beschrieben wurde, ist die Selektivität zu Ethen und Propen an diesen Kontakten zwar deutlich größer als an ZSM-5-Katalysatoren, allerdings deaktiviert SAPO-34 auch viel schneller. Für die Durchführung der Reaktion wird daher ein Wirbelschichtreaktor verwendet, in dem die Edukte Methanol und DME innerhalb einer sehr kurzen Verweilzeit nahezu vollständig umgesetzt werden. Der Katalysator wird anschließend einem Regenerator zugeführt, in welchem die entstandenen Koksablagerungen mit Hilfe von Luft abgebrannt werden. Die Prozesstemperatur im Reaktor kann zwischen 350 °C und 550 °C variiert werden, und der Druck liegt zwischen 2−4 bar. Der Einsatz von Rohmethanol wirkt sich aufgrund des darin enthaltenen Wassers (typischerweise bis zu 20 Gew-%) vorteilhaft auf die Olefinausbeute aus [54]. In den Anfängen des Prozesses lag die kohlenstoffbezogene Selektivität zu Ethen und Propen in Summe bei 75−80 %, und das Selektivitätsverhältnis von Propen zu Ethen hatte abhängig von den gewählten Prozessbedingungen einen Wert zwischen 0,7 und 1,3. Durch einen sich an den MTO-Prozess anschließenden Verfahrensschritt, in dem die entstandenen C_4- bis C_{6+}-Olefine gecrackt werden (olefin cracking process, OCP), konnte die Selektivität zu Ethen und Propen in Summe auf 85−90 % gesteigert werden. Da durch das Cracken vor allem Propen entsteht, erhöht sich das Selektivitätsverhältnis von Propen zu Ethen auf 1,75. Der OCP wird dabei in einem Festbettreaktor bei Temperaturen zwischen 500 °C und 600 °C, sowie 1−5 bar Druck an einem Zeolithkatalysator durchgeführt. Durch Optimierung des Katalysators auf die Bildung von Propen ist es sogar möglich, ein Selektivitätsverhältnis von 2,0 zu erreichen [55].

2.7.2 Lurgi MTP-Prozess

Beim Lurgi MTP-Prozess (methanol-to-propylene) wird Methanol an γ-Al_2O_3-gebundenem ZSM-5 (Südchemie) umgesetzt und als Hauptprodukt Propen gebildet [5]. Aufgrund der langsameren Deaktivierung von ZSM-5 (s. Kapitel 2.2) kann ein Festbettreaktor in dem Prozess verwendet werden. Das eingesetzte Methanol wird zunächst in einem Vorreaktor an reinen γ-Al_2O_3-Katalysatoren in einer Gleichgewichtsreaktion zu DME und Wasser umgesetzt, wodurch bereits ein großer Teil der entstehenden Reaktionswärme freigesetzt und abgeführt werden kann. Die daraus resultierende Reaktionsmischung wird mit zusätzlichem Wasserdampf (0,5−1 kg pro kg Methanol) vermischt dem Hauptreaktor zugegeben, in welchem 5−6 gestufte Katalysatorbetten vorliegen. Zwischen jeder Katalysatorstufe kommt es zur Zwischeneinspeisung von frischem Reaktionsgemisch, damit der Temperaturanstieg im adiabat betriebenen Reaktor nicht zu hoch wird. Die Reaktionstemperatur liegt zwischen 400 °C und 450 °C und der Druck bei 1,3−1,6 bar [6]. Der Summenumsatz an Methanol und DME beträgt am Reaktorausgang ca. 99 %. Da ZSM-5-Katalysatoren auch durch die Bildung von Koks deaktivieren, werden drei Reaktoren parallel verwendet, von denen immer einer im Regenerationsmodus betrieben wird. Eine Regeneration ist nach ca. 500−600 Betriebsstunden nötig. Dazu wird der Koks mittels eines Luftgemischs abgebrannt, wobei die Prozessbedingungen ähnlich wie im MTP-Prozess gewählt werden, um eine Schädigung des Katalysators zu verhindern.

Bei der Produktaufbereitung wird ein olefinhaltiger Stoffmengenstrom abgetrennt und in den Hauptreaktor zurückgeführt. Dies erhöht die Propenselektivität durch ablaufende Crackreaktionen (vgl. OCP beim UOP/Hydro-Prozess) [5]. Die kohlenstoffbezogene Ausbeute an Propen der gesamten Anlage beträgt dadurch ca. 70 %. Als Nebenprodukte fallen im MTP-Prozess Ethen, Propan, C_4- und C_5-Kohlenwasserstoffe sowie Benzin an.

2.8 Reaktionskinetik des MTO-Prozesses

In diesem Kapitel soll ein Überblick über bereits bestehende reaktionskinetische Modelle zum MTO-Prozess in der Literatur gegeben werden. Prinzipiell können zwei Arten von Modellen unterschieden werden [27]. Zum einen formalkinetische Modelle bei denen die beteiligten Spezies teilweise zu Gruppen zusammengefasst werden (sogenannte *„lumped models"*), die einen Kompromiss zwischen Einfachheit und der Beschreibung des realen Prozesses darstellen. Zum anderen die detaillierteren mechanistischen Modelle, die ausführlich ablaufende Elementarreaktionen mit berücksichtigen. Beispiele hierfür sind die Modelle von Mihail *et al.* [56] oder Park und Froment [26], die aus sehr vielen Einzelreaktionen bestehen und sich intensiver mit einem möglichen Mechanismus des MTO-Prozesses beschäftigen. Dafür wären jedoch zusätzliche Informationen über die Natur der Zwischenprodukte an der Katalysatoroberfläche zu sammeln. Für die Auslegung von Prozessen und Reaktoren ist es fraglich, ob eine bessere und genauere Abbildung der Produktverteilung durch diesen messtechnischen Mehraufwand möglich ist. Robuste und realitätsnahe Anpassungen können auch schon durch formalkinetische Modelle mit viel geringerem Aufwand erzielt werden. Im Folgenden werden deshalb nur die formalkinetischen Modelle betrachtet und auch nur diejenigen genauer, bei denen ZSM-5-Katalysatoren verwendet wurden. Formalkinetische Modelle für SAPO-Katalysatoren (SAPO-34 und SAPO-18) wurden ebenfalls aufgestellt [57, 58]. Da die Produktverteilung und der Ablauf des MTO-Prozesses an diesen Katalysatoren aber aufgrund der unterschiedlichen Porenstruktur grundlegend unterschiedlich ist als an ZSM-5-Katalysatoren (s. Kapitel 2.2), soll hier nicht näher darauf eingegangen werden.

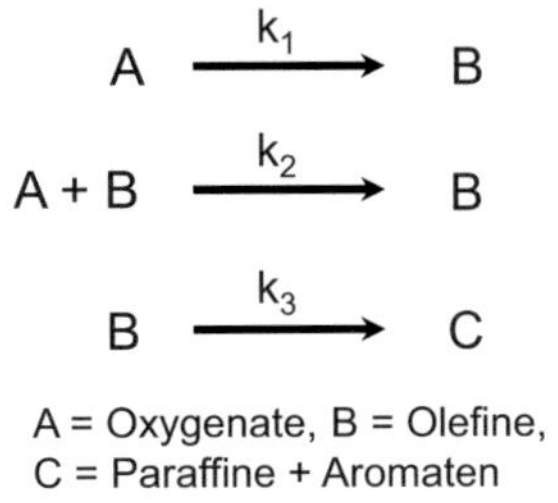

$$A \xrightarrow{k_1} B$$

$$A + B \xrightarrow{k_2} B$$

$$B \xrightarrow{k_3} C$$

A = Oxygenate, B = Olefine,
C = Paraffine + Aromaten

Abbildung 2.7: Vereinfachtes Reaktionsnetz für den MTO-Prozess nach Chen und Reagan [59]

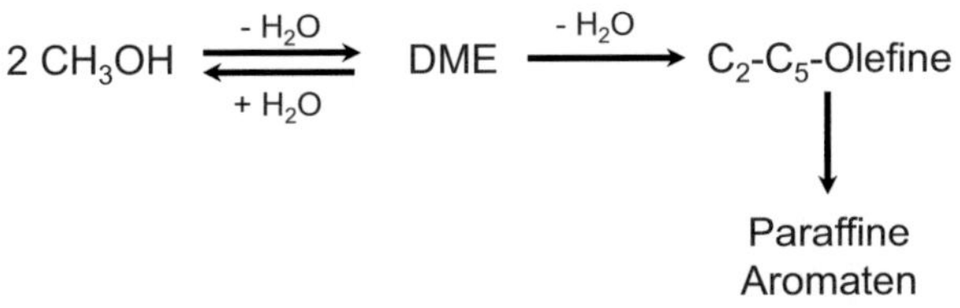

$$2\,CH_3OH \underset{+\,H_2O}{\overset{-\,H_2O}{\rightleftharpoons}} DME \xrightarrow{-\,H_2O} C_2\text{-}C_5\text{-Olefine}$$

Paraffine
Aromaten

Abbildung 2.8: Einfacher Reaktionsmechanismus des MTO-Prozesses nach Chang und Silvestri [60]

Ein erstes, sehr einfaches Modell wurde in den Anfängen der MTO-Forschungen von Chen und Reagan [59] erstellt (s. Abbildung 2.7), basierend auf dem einfachen Reaktionsmechanismus von Chang und Silvestri [60] (s. Abbildung 2.8). Die beteiligten Reaktionsspezies wurden in nur drei Gruppen eingeteilt: die Oxygenate mit Methanol und DME, die Olefine und die restlichen Kohlenwasserstoffe bestehend aus Aromaten und Paraffinen. Ein autokatalytischer Schritt wurde berücksichtigt (Reaktionsschritt 2), bei dem die Oxygenate zusammen mit den Olefinen zur Bildung weiterer Olefine beitragen. Diese ziemlich einfache Beschreibung des MTO-Prozesses wurde im Laufe der Zeit immer weiter verbessert bzw. weiterentwickelt. Einen Überblick über verschiedene Modelle gibt ein Artikel von Keil [27].

Etwas genauer sollen die Forschungsergebnisse zur Reaktionskinetik der Gruppe von Bilbao betrachtet werden. Hier wurden zunächst Untersuchungen im Temperaturbereich des MTG-Prozesses zwischen 300 °C und 375 °C durchgeführt und entsprechende Modelle entwickelt [8, 61, 62], auf die hier nicht näher eingegangen werden soll, da die Reaktionstemperatur für den in dieser Arbeit untersuchten MTO-Prozess zu niedrig ist.

In einer neueren Arbeit wurden Messungen im Bereich zwischen 300 °C und 450 °C durchgeführt [63]. Im entsprechenden Modell wurde erstmals Methanol und DME nicht mehr zu einer Eduktspezies zusammengefasst, sondern einzeln betrachtet (s. Abbildung 2.9). Außerdem wurde in den Ansätzen für die Reaktionsgeschwindigkeit der Einfluss des aus den Edukten gebildeten Wassers mitberücksichtigt:

$$(r_M)_0 = \left[\frac{dX_M}{d\left(W/F_{Mo}\right)} \right]_0 = \frac{-k_1 X_M^2 + (k_1/K)\, X_D X_W - (k_2 + k_5 X_C)\, X_M}{1 + k_{W0} X_W} \qquad (2.1)$$

mit: X_i: Massenanteil an Komponente i, bezogen auf die Kohlenstoffmasse

      X_W: Massenanteil Wasser im Reaktionsgemisch

      k_{W0}:   Hemmterm für die Bildung von Stoff i bei Anwesenheit von Wasser im Reaktionsgemisch, $g_{organischeSubstanz}/g_{Wasser}$

      W: Katalysatormasse, g

      F_{Mo}:   Massenstrom Methanol, g/h^{-1}

Die dazugehörigen experimentellen Daten wurden bei Reaktionstemperaturen bis zu 450 °C ermittelt, weshalb das Reaktionsnetz auch einen Reaktionsschritt enthält, der Crackreaktionen von längerkettigen Kohlenwasserstoffen zu C_2- bis C_4-Olefinen berücksichtigt (Reaktionsschritt 8).

Eine Weiterentwicklung stellt das Modell von Aguayo *et al.* [64] dar, dass für einen Temperaturbereich zwischen 400 °C und 550 °C aufgestellt wurde, also dem eigentlichen MTO-Temperaturbereich. Das Ziel war die Bestimmung der Produktverteilung im CMHC-Prozess (s. Kapitel 2.1). Da hier die Bildung

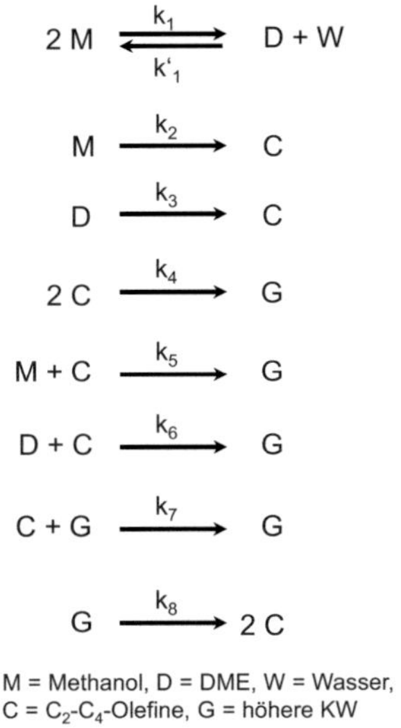

$$2\,M \;\underset{k'_1}{\overset{k_1}{\rightleftharpoons}}\; D + W$$

$$M \;\xrightarrow{k_2}\; C$$

$$D \;\xrightarrow{k_3}\; C$$

$$2\,C \;\xrightarrow{k_4}\; G$$

$$M + C \;\xrightarrow{k_5}\; G$$

$$D + C \;\xrightarrow{k_6}\; G$$

$$C + G \;\xrightarrow{k_7}\; G$$

$$G \;\xrightarrow{k_8}\; 2\,C$$

M = Methanol, D = DME, W = Wasser,
C = C_2-C_4-Olefine, G = höhere KW

Abbildung 2.9: Reaktionsnetz nach Gayubo *et al.* [63], bei dem Methanol und DME nicht als eine Eduktspezies betrachtet werden.

von Kohlenwasserstoffen aus Methanol und das Cracken von paraffinhaltigen Stoffströmen gleichzeitig stattfindet, werden zwei Modelle benötigt, eines für die Crackreaktionen und eines für den MTO-Prozess bei diesen Temperaturen. Das MTO-Modell ähnelt dem vorherigen von Gayubo *et al.* [63], mit der Ausnahme, dass die kurzkettigen Olefine nun das Hauptprodukt darstellen und der autokatalytische Schritt von diesen bestimmt wird (Vgl. Abbildung 2.9 und Abbildung 2.10). Zusätzlich wurden Reaktionen der Olefinen zu Paraffinen (C_2-C_4) und speziell zu n-Butan berücksichtigt (Reaktionsschritte 10 und 11), sowie ein Reaktionsschritt für die Bildung von Methan aus den Edukten (Reaktionsschritt 4).

Bei allen Messungen zur Entwicklung der Modelle wurden ZSM-5-Katalysatoren mit relativ hoher Azidität, also relativ niedrigem Si/Al-Verhältnis eingesetzt. Die Gründe dafür sind zum einen eine höhere Ausbeute an Benzin im MTG-Prozess, und zum anderen beschleunigt eine hohe Azidität des Katalysators die Crackreaktionen im CMHC-Prozess. Die Zeolithe lagen als Formkörper

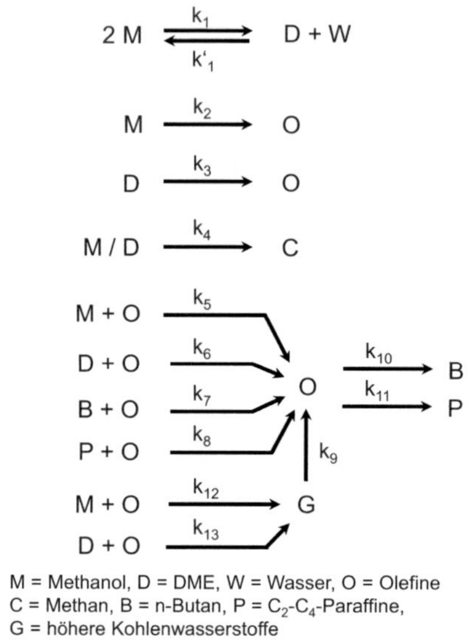

$$2\,M \;\xrightleftharpoons[k'_1]{k_1}\; D + W$$

$$M \xrightarrow{k_2} O$$

$$D \xrightarrow{k_3} O$$

$$M/D \xrightarrow{k_4} C$$

$$
\begin{array}{l}
M + O \xrightarrow{k_5} \\
D + O \xrightarrow{k_6} \\
B + O \xrightarrow{k_7} \\
P + O \xrightarrow{k_8}
\end{array}
\;O\;
\begin{array}{l}
\xrightarrow{k_{10}} B \\
\xrightarrow{k_{11}} P
\end{array}
$$

$$
\begin{array}{l}
M + O \xrightarrow{k_{12}} \\
D + O \xrightarrow{k_{13}}
\end{array}
\; G \;\xrightarrow{k_9}\; O
$$

M = Methanol, D = DME, W = Wasser, O = Olefine
C = Methan, B = n-Butan, P = C_2-C_4-Paraffine,
G = höhere Kohlenwasserstoffe

Abbildung 2.10: Reaktionsnetz nach Aguayo *et al.* [64] für Reaktionstemperaturen zwischen 400 °C und 550 °C.

mit Bentonit und Al_2O_3 als Matrix vor. Bekannt ist aber, dass aluminiumhaltige Materialien einerseits den Zeolithen durch Aluminierung verändern können und andererseits auch eine Eigenaktivität aufweisen, somit also nicht inert sind (s. Kapitel 2.2.4). Im Modell von Aguayo *et al.* [64] wurde aus diesem Grund vermutlich auch ein Reaktionsschritt zu Methan berücksichtigt (s. Abbildung 2.10), da die Bildung von Methan bei Temperaturen über 400 °C an der Al_2O_3-Matrix auftritt.

In den bisher diskutierten Modellen wurden die kurzkettigen Olefine immer zu einer Produktgruppe zusammengefasst (C_2-C_4-Olefine). In dem Modell von Schoenfelder *et al.* [65] wurden dagegen die kurzkettigen Olefine Ethen, Propen und Buten einzeln betrachtet (s. Abbildung 2.11). Das Reaktionsnetz orientiert sich dabei am konsekutive Mechanismus (s. Kapitel 2.3), in dem zunächst Ethen aus den Edukten gebildet wird und die anderen Olefine dann über Methylierungsreaktionen entstehen. In weiteren Sekundärreaktionen entstehen jeweils aus den einzelnen Olefinen Paraffine und Aromaten, die zu einer Produktgruppe zusammengefasst wurden. Ein zusätzlicher Reaktionsschritt ist auch in diesem Modell die Bildung von Methan aus den Edukten, da dieses im Produktspektrum auftaucht. Die zugehörigen Messungen wurden hier in einem Temperaturbereich zwischen 400 °C und 500 °C durchgeführt. Ziel der Arbeit war die Entwicklung eines kinetischen Modells, das für die Auslegung eines Wirbelschichtreaktors verwendet werden konnte. Das Modell liefert allerdings nur eine bedingt gute Abbildung der gemessenen Werte und weist vor allem bei der Abbildung der höheren Kohlenwasserstoffe Schwächen auf. Crackreaktionen werden in diesem Modell beispielsweise nicht berücksichtigt, obwohl sie im gemessenen Temperaturbereich möglich sind.

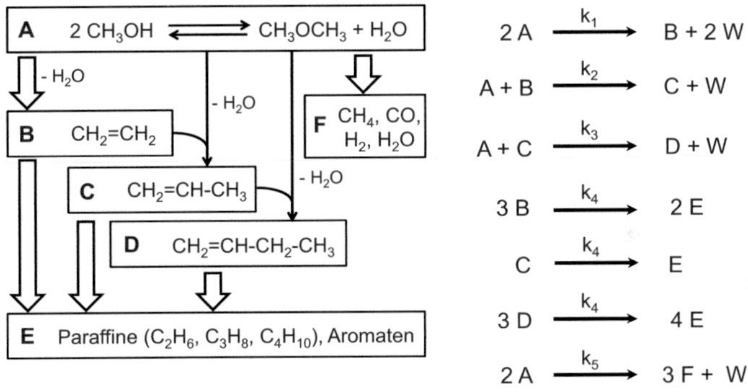

Abbildung 2.11: Schematischer Ablauf des MTO-Prozesses und entsprechendes Reaktionsnetz nach Schoenfelder *et al.* [65]

Ein Modell, das sich am Kohlenwasserstoff-Pool-Mechanismus orientiert (s. Kapitel 2.4) wurde von Kaarsholm *et al.* [66] entwickelt, und das verwendete Reaktionsnetz ist schematisch in Abbildung 2.12 dargestellt. Der Kohlenwasserstoff-Pool wird im Modell durch die Spezies C_X^+ abgebildet und die C_2- bis C_6-Olefine entstehen parallel durch reversible Reaktionen aus dieser Spezies. Zudem wur-

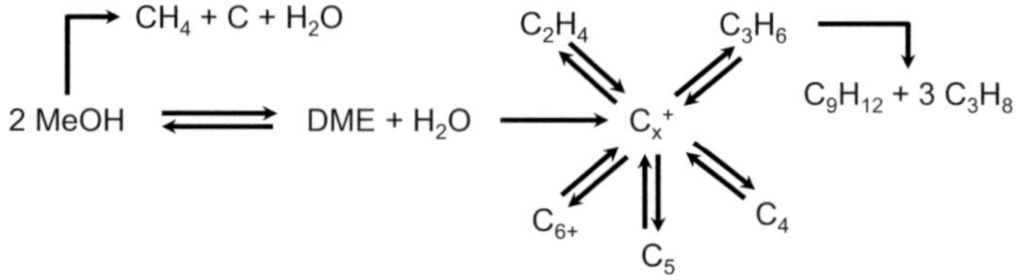

CH$_4$ + C + H$_2$O $\quad$ C$_2$H$_4$ $\quad$ C$_3$H$_6$

2 MeOH $\rightleftharpoons$ DME + H$_2$O $\longrightarrow$ C$_x$$^+$ $\qquad$ C$_9$H$_{12}$ + 3 C$_3$H$_8$

C$_{6+}$ $\quad$ C$_5$ $\quad$ C$_4$

Abbildung 2.12: Schema des Reaktionsnetzes nach Kaarsholm *et al.* [66] als Grundlage für das kinetische Modell im Temperaturbereich zwischen 400 °C und 550 °C.

de ein Reaktionsschritt von Propen zu Aromaten und Paraffinen im Form von C$_9$H$_{12}$ und C$_3$H$_8$ und die Bildung von Methan aus Methanol berücksichtigt. Die Messungen wurden bei Temperaturen zwischen 400 °C und 550 °C durchgeführt, und es wurden Phosphor-modifizierte ZSM-5-Katalysatoren eingesetzt. Der Einbau von Phosphor in den Zeolithen diente dazu, die Säurestärke zu reduzieren, da eine geringere Azidität günstiger für die Ausbeute an kurzkettigen Olefinen ist (s. Kapitel 2.6). Auch bei diesem Modell ist die Abbildung der höheren Kohlenwasserstoffe (C$_{6+}$) ähnlich wie bei Schoenfelder *et al.* [65] noch verbesserungsbedürftig.

Auch bei den letzten beiden Modellen wurden die Messungen wieder an Katalysatorformkörpern durchgeführt. Bei Kaarsholm *et al.* [66] enthalten diese neben ZSM-5 auch Al$_2$O$_3$, SiO$_2$ und Tonerde, wogegen bei Schoenfelder *et al.* [65] keine genaueren Angaben gemacht werden. Da bei beiden Modellen die Bildung von Methan gemessen wurde, kann davon ausgegangen werden, dass hier die verwendeten Bindermaterialien einen Einfluss auf die Reaktion haben (s. Kapitel 2.2.4).

In Tabelle 2.1 sind noch einmal die wichtigsten Eckdaten der vorgestellten formalkinetischen Modelle zusammengefasst. Bei allen gezeigten Modellen werden für die Reaktionsgeschwindigkeiten Ansätze erster Ordnung verwendet. Lediglich die Abreaktion der Olefinfraktion wird in einigen Modellen mit Hilfe von Ansätze zweiter Ordnung beschrieben [63, 64] .

Tabelle 2.1: Eckdaten der wichtigsten formalkinetischen Modelle für ZSM-5-Katalysatoren

Kinetikmodell	Katalysator	Temperatur	Umsatzbereich	DME-Vorreaktor
Chen, Reagan [59]	ZSM-5, γ-Al$_2$O$_3$	370 °C	ca. 0,1 – 0,9	nein
Gayubo *et al.* [63]	25 Gew-% ZSM-5 ($Si/Al = 24$), 30 Gew-% Bentonit, 45 Gew-% Al$_2$O$_3$	300 – 450 °C	ca. 0,1 – 0,7	nein
Aguayo *et al.* [64]	25 Gew-% ZSM-5 ($Si/Al = 15$), 30 Gew-% Bentonit, 45 Gew-% Al$_2$O$_3$	400 – 550 °C	ca. 0,1 – 1	nein
Schoenfelder *et al.* [65]	25 Gew-% ZSM-5 ($Si/Al = 400$), Rest Binder (unbekannt)	400 – 500 °C	nicht angegeben	nein
Kaarsholm *et al.* [66]	10 Gew-% P-modifizierter ZSM-5 ($Si/Al = 140$), 90 Gew-% Si/Al-Matrix aus AlHO$_2$, SiO$_2$ und Kaolin	400 – 550 °C	ca. 0,9 – 1	nein

2.9 Reaktionen von Olefinen an sauren Zeolithen

Olefine reagieren in vielfältiger Weise an sauren Zeolithkatalysatoren und es entsteht ein breites Produktspektrum an Kohlenwasserstoffen. Dabei sind folgende Reaktionen möglich: Oligomerisierungs-, Methylierungs- und Crackreaktionen sowie interner Wasserstofftransfer, Ringschlussreaktionen und Isomerisierungen. Im MTO-Prozess laufen diese Reaktionen als Sekundärreaktionen parallel zur Bildung der Olefine aus Methanol ab (s. Kapitel 2.3). In diesem Kapitel soll ein

Überblick über diese Reaktionen und die entsprechenden Prozessbedingungen gegeben werden, wobei der Fokus auf Reaktionen an ZSM-5-Katalysatoren liegen soll, die in dieser Arbeit verwendet wurden.

2.9.1 Oligomerisierung

Bei der Oligomerisierung handelt es sich um eine Aufbaureaktion, bei der wenige Monomere miteinander reagieren. In der Petrochemie wird die Oligomerisierung dazu verwendet, aus kurzkettigen Olefinen längerkettige Olefine (C_6-C_{12}) zu erzeugen, die beispielsweise als flüssige Kraftstoffe oder Vorprodukte in der Kunststoffindustrie Verwendung finden [67]. Unter den eingesetzten Zeolithkatalysatoren wird am häufigsten ZSM-5 verwendet, aber es können auch Nickel-Katalysatoren zum Einsatz kommen. Einen Überblick darüber gibt der Artikel von O'Connor und Kojima [68]. Von der Firma Mobil Oil Corporation wurde in den 1980er Jahren der MOGD-Prozess („**M**obil **o**lefins to **g**asoline and **d**estillate") entwickelt, bei dem olefinreiche Produktströme, die im Raffinerieprozess anfallen, zu Kohlenwasserstoffen im Siedebereich von Benzin und Mitteldestillaten an ZSM-5-Katalysatoren umgesetzt werden [69, 70]. Neben der Oligomerisierung der eingesetzten Olefine kommt es, je nach Prozessbedingungen, zu verschiedenen Nebenreaktionen. Die entstandenen längerkettigen Olefine können einerseits Isomerisieren und andererseits zu wiederum kurzkettigen Olefinen gecrackt werden, welche darauf dann copolymerisieren können. Das Prozessfenster, in dem das Verfahren betrieben werden kann, ist sehr groß. Die Reaktionen beginnen bereits bei Temperaturen von 37 °C und laufen in einem Druckbereich von 0,07 bar bis zu 140 bar ab [69]. Für die Reaktionstemperatur gibt es dabei keine obere Grenze. Jedoch treten mit zunehmender Temperatur immer mehr der oben beschriebenen Nebenreaktionen auf und die Produktverteilung wird immer größer [71]. Ab einer gewissen Temperatur dominieren aber die Crackreaktionen zu kurzkettigen Olefinen, so dass das Ziel der Bildung von längerkettigen Kohlenwasserstoffen nicht mehr erreicht wird. Außerdem kommt es noch zu Ringschluss- und Wasserstofftransferreaktionen, wodurch auch Aromaten und Paraffine in größerem Maße gebildet werden.

Untersuchungen zu Sekundärreaktionen im MTO-Prozess haben gezeigt, dass Reaktionen zwischen Olefinen durch die Anwesenheit von Methanol unterdrückt werden [39, 72]. Oligomerisierungsreaktionen finden in diesem Fall also erst bei hohen Eduktumsätzen statt, wenn im Eduktstrom nur noch sehr wenig oder gar kein Methanol bzw. DME mehr vorliegt.

2.9.2 Methylierung

Zu Beginn der Forschungen am MTO-Prozess wurde angenommen, dass höhere Kohlenwasserstoffe über das Kettenwachstum von Ethen durch Methylierungsreaktionen entstehen (s. Kapitel 2.3). Der Kohlenwasserstoff-Pool-Mechanismus postuliert aber, dass andere Olefine wie Propen oder Buten über polymethylierte Aromaten direkt aus den Edukten gebildet werden (s. Kapitel 2.4) und parallel dazu Methylierungsreaktionen als Sekundärreaktionen der primär gebildeten Olefine ablaufen. In den Untersuchungen von Svelle *et al.* [38, 39], bei denen isotopenmarkiertes Methanol ($^{13}C-MeOH$) zusammen mit Ethen ($^{12}C-Ethen$), Propen ($^{12}C-Propen$) oder n-Buten ($^{12}C-Buten$) im Eduktstrom zudosiert wurde, konnte dies gezeigt werden. Diese Messungen wurden zum größten Teil bei sehr niedrigen Umsätzen durchgeführt, da hier die Methylierungen am besten gemessen werden konnten. Das Ziel der Untersuchungen war, die Kinetik der Methylierungen zu bestimmen. Die daraus resultierenden Reaktionsgeschwindigkeiten waren erster Ordnung in den entsprechenden Olefinen und nullter Ordnung in Methanol. Die Reaktivität der Olefine steigt dabei in der Reihenfolge Ethen < Propen < Buten.

Bei den Untersuchungen mit Ethen konnten neben Butenen und Pentenen, die aus der wiederholten Methylierung von Ethen stammten und deshalb zwei bzw. drei $^{13}C-Atome$ enthielten, auch Butene und Pentene mit mehr als zwei bzw. drei $^{13}C-Atomen$ gemessen werden. Diese Spezies entstehen also nicht aus der wiederholten Methylierung von Ethen. Nur bei sehr geringen Eduktumsätzen wurde die Methylierung von Ethen nachgewiesen, da sobald längerkettige Olefine in einer bestimmten Anzahl vorliegen, diese bevorzugt methyliert werden und die Methylierung von Ethen unterdrückt wird. Vergleiche mit Messungen bei denen nur Methanol als Edukt eingesetzt wird, also ohne das zusätzliche Zudosieren von Ethen zeigten außerdem, dass in diesem Fall die Methylierung von Ethen nur eine untergeordnete Rolle spielt.

Eine Untersuchung, bei der Propen zusammen mit DME zudosiert wurde zeigte außerdem, dass Methylierungsreaktionen mit DME als Edukt viel schneller ablaufen als mit Methanol [73].

2.9.3 Crackreaktionen

Der Ablauf von Crackreaktionen von längerkettigen zu kurzkettigen Kohlenwasserstoffen an sauren Zeolithen ist schon lange bekannt. Daraus wurden Verfahren wie das katalytische Cracken (Fluid catalytic cracking, FCC) oder das Hydrocracken entwickelt. Der FCC-Prozess, bei dem der Katalysator zum größten Teil aus Zeolith Y besteht, dient im Raffinerieprozess hauptsächlich der Umwandlung von langkettigem Vakuumgasöl zu Benzin [10]. In neuerer Zeit stellt der FCC-Prozess auch eine bedeutende Quelle für Propen dar (s. Kapitel 2.1), wobei die Ausbeute bei entsprechender Modifikation des Prozesses bzw. des Katalysators bis zu 25 % betragen kann [10]. Dazu wird dem FCC-Katalysator ZSM-5 zugesetzt, da an diesem hauptsächlich Propen als Hauptcrackprodukt entsteht. In Studien betrug der zugesetzte Anteil dabei zwischen 5–20 Gew-% [74]. Die Temperatur im Reaktor liegt zwischen 500 °C und 560 °C, wobei aufgrund der endothermen Crackreaktionen die Austrittstemperatur um ca. 40 °C niedriger ist. Allgemein nimmt die Crackgeschwindigkeit von Kohlenwasserstoffen mit vergleichbarer Kohlenstoffanzahl in der Reihenfolge Olefine > i-Paraffine/Naphthene > n-Paraffine > Aromaten ab [75]. Bei Paraffinen und

Olefinen nimmt die Crackgeschwindigkeit mit steigender Kohlenstoffanzahl zu, wobei die Zunahme der Geschwindigkeit bei Olefinen viel größer ist [76].

Wie bereits im ersten Abschnitt erwähnt, kommen Crackreaktionen auch als Nebenreaktionen bei den Oligomerisierungsverfahren vor. Ab Temperaturen von ca. 350 °C beginnt deren Einfluss zu steigen, und es werden zunehmend kurzkettige Olefine gebildet [69].

Beim MTO-Prozess führen Crackreaktionen im Temperaturbereich zwischen 400 °C und 500 °C , ähnlich wie im FCC-Prozess, zu einer Erhöhung der Propenausbeute. Dies wird beispielsweise im Lurgi MTP-Prozess ausgenutzt, indem längerkettige Olefine am Ende der Anlage abgetrennt und in den MTO-Reaktor zurückgeführt werden, wodurch die Propenausbeute der Gesamtanlage gesteigert wird (s. Kapitel 2.7.2). Auch im „dual-cycle"-Mechanismus von Bjørgen *et al.* [34] nehmen die Crackreaktionen zu Propen eine wichtige Rolle ein (s. Kapitel 2.5).

2.9.4 Weitere Reaktionen

Wie bereits im ersten Abschnitt erwähnt, treten die Bildung von Aromaten durch Ringschlussreaktionen sowie die Bildung von Paraffinen durch internen Wasserstofftransfer als Nebenreaktionen bei der Oligomerisierung von Olefinen auf [69, 71]. Diese gewinnen, wie bei den im vorherigen Abschnitt beschriebenen Crackreaktionen, auch erst bei höheren Temperaturen an Bedeutung. Beide Reaktionen scheinen dabei gekoppelt zu sein, da der Wasserstoff, der bei der Bildung von Aromaten aus Olefinen entsteht, zur Bildung von Paraffinen führt [71]. Bessel *et al.* [77] konnten dagegen nachweisen, dass bei der Reaktion von Ethen bzw. Propen an ZSM-5 bei Temperaturen unter 250 °C Paraffine auch ohne gleichzeitige Bildung von Aromaten entstehen. Bei Temperaturen über 300 °C ist die Aromatenbildung allerdings signifikant. Auch beim MTO-Prozess ist es denkbar, dass diese beiden Reaktionsarten ablaufen, da auch hier Paraffine und Aromaten im Produktspektrum vorkommen. So ist die Bildung von Aromaten in den Zeolithporen beim „Kohlenwasserstoff-Pool"-Mechanismus eine Grundvoraussetzung für den Ablauf des MTO-Prozesses (s. Kapitel 2.4).

Die Skelettisomerisierung von Olefinen stellt eine weitere mögliche Reaktion an sauren Zeolithen dar. Svelle *et al.* [39] konnten an ZSM-5-Katalysatoren bei Messungen mit reinem n-Buten als Edukt zeigen, dass Isobuten als Hauptprodukt entsteht. Die kohlenstoffbezogene Selektivität zu Isobuten steigt dabei mit Erhöhung der Reaktionstemperatur von 350 °C auf 500 °C von ca. 45 % auf 80 % an. Ebenfalls konnte an ZSM-5-Katalysatoren die Isomerisierung von n-Penten nachgewiesen werden [78].

3 Experimentelle Methoden

3.1 Herstellung und Charakterisierung der Katalysatoren

Für diese Arbeit wurden Katalysatoren aus kommerziellem ZSM-5 (Zeochem, PZ-2/500H) mit einem Si/Al-Verhältnis von 250 und Aluminiumphosphat-Hydrat ($AlPO_4 \cdot H_2O$, Riedel-de Haen) als Binder in Form von zylinderförmigen Extrudaten hergestellt. Der Anteil der $AlPO_4$-Matrix, die nach der Herstellung in den fertigen Extrudat vorlag, betrug 50 Gew- %. Bei der Einwaage der Ausgangsmaterialien musste der Gewichtsverlust des jeweiligen Materials bei der Kalzinierung berücksichtigt werden (s. Tabelle 3.1).

Für die Herstellung einer extrudierbaren Masse musste ein Plastifizierhilfsmittel zu den pulverförmigen Ausgangsmaterialien zugegeben werden. Dafür wurde eine wässrige Hydroxyethylcellulose-Lösung (HEC, 8,5 Gew-%, Fluka) verwendet. Das Massenverhältnis zwischen HEC und den Feststoffen hatte einen Wert von 0,5.

Für die Gleichgewichtsreaktion von Methanol zu DME und Wasser in einem Vorreaktor wurden Extrudate aus γ-Aluminiumoxid (γ-Al_2O_3) verwendet. Das Ausgangsmaterial dafür war Pseudoböhmit (AlOOH, Pural SB1, Sasol). Auch hier wurde HEC als Plastifizierhilfsmittel zugegeben, und das Massenverhältnis zwischen HEC und AlOOH hatte einen Wert von 0,71.

Im Folgenden wird die Herstellung der Katalysatorformkörper mittels Extrusion beschrieben.

Tabelle 3.1: Gewichtsverlust des verwendeten Zeolithen und Binderausgangsmaterials bei der Kalzinierung

Ausgangsmaterial	Gewichtsverlust
Zeolith ZSM-5	3 %
$AlPO_4 \cdot H_2O$	24,3 %

Mischen

Zunächst wurden die pulverförmigen Ausgangsmaterialien in einem Schraubdeckelglas durch Schütteln vorvermischt (entfällt bei AlOOH). Anschließend erfolgte die Vermischung der Feststoffe mit dem Plastifizierhilfsmittel in einem Rheo-Kneter (Haake, PolyDrive) bei Umgebungstemperatur. Die Mischdauer betrug 20 Minuten und die Drehzahl der Nockenrotoren wurde konstant bei 40 Umdrehungen pro Minute gehalten. Zunächst wurde ca. ein Drittel der Feststoffe in die Knetkammer gegeben, dann das gesamte Plastifizierhilfsmittel und schließlich der restliche Feststoff. Letzteres musste bei Verwendung von $AlPO_4$-Hydrat portionsweise erfolgen, da dieses eine sehr geringe Schüttdichte aufweist und es erst durch die Vermischung mit dem Plastifizierhilfsmittel zu einer Volumenabnahme kommt. Dabei muss beachtet werden, dass die Knetkammer nach der Volumenabnahme ausreichend gefüllt ist, da sonst kein Knetprozess stattfinden kann und die Masse nur an den Knethaken haften und mitgedreht würde. Nachdem der Knetvorgang beendet war, musste die Paste zügig in den Extruder gegeben werden, damit diese nicht zu trocknen beginnt.

Extrudieren

Die durch das Mischen entstandene Paste wurde mittels eines Kolbenextruders extrudiert. Dieser bestand aus einem Hohlzylinder ($d_{innen} = 49$ mm) aus Edelstahl, in dem ein hydraulisch angetriebener Stempel die Paste mit einer Vorschubgeschwindigkeit von max. 1 mm/s durch eine Düse ($d_{Bohrung} = 2$ mm) presst. Auf diese Weise wurden ca. 30 cm lange Grünkörper hergestellt, die für mindestens 24 h bei Umgebungstemperatur getrocknet und anschließend in ca. 5 mm lange Stücke gebrochen wurden.

Kalzinieren

Die erhaltenen Grünkörper wurden in Muffelöfen (Nabertherm) an Luft kalziniert. Diese thermische Behandlung diente der Entfernung des organischen Plastifizierhilfsmittels und dem viskosen Sintern des amorphen $AlPO_4$-Hydrats, wodurch eine kristalline Tridymitstruktur der Zusammensetzung $AlPO_4$ entsteht. Das verwendete Temperaturprogramm sah wie folgt aus:

1. Aufheizen von Umgebungstemperatur mit 2 K/min auf 550 °C

2. Halten der Temperatur für 180 min

3. Abkühlen auf Umgebungstemperatur

Ionenaustausch

Bei der Verwendung von $AlPO_4$-Hydrat als Binder wurde festgestellt, dass die ursprünglich in der H-Form vorliegenden Zeolithe nach der Herstellung der Extrudate keine Brønsted-sauren Zentren mehr besitzen und somit auch keinerlei Aktivität im MTO-Prozess haben [20]. Daher musste die Azidität des Zeolithen durch mehrmaligen Ionenaustausch mit einer wässrigen Ammoniumnitrat-Lösung (NH_4NO_3, 2 molar, Merck) wiederhergestellt werden. Für 10 g Extrudate wurden 200 ml der Lösung verwendet und auf 80 °C erhitzt, bevor die Extrudate zugegeben wurden. Ein kompletter Austauschschritt sah dabei folgendermaßen aus:

1. Ionenaustausch der Extrudate für 3 h in der Lösung

2. Trocknen der Extrudate für ca. 4 h bei 120 °C

3. Kalzinieren der Extrudate, wie bereits beschrieben

Um eine vollständige Wiederherstellung der sauren Zentren des Zeolithen zu gewährleisten, musste der Austauschschritt mindestens achtmal nacheinander durchgeführt werden. Die Bestimmung der Azidität erfolgte über eine temperaturprogrammierte Desorption von Ammoniak (NH_3-TPD).

Ammoniak-TPD

Die temperaturprogrammierte Desorption von Ammoniak (NH_3-TPD) wird zum Nachweis der Brønsted-sauren Zentren von Zeolithen verwendet. Das Messprinzip beruht darauf, dass Ammoniak an den sauren Zentren adsorbiert und durch Erhöhung der Temperatur wieder desorbiert. Erfasst wird der desorbierte Ammoniak mittels eines Wärmeleitfähigkeitsdetektors. Je höher die Temperatur bei der Desorption ist, desto stärker ist der Ammoniak an den sauren Zentren gebunden. Bei Zeolithen liegen typischerweise zwei charakteristische Peaks vor, ein Nieder- und ein Hochtemperaturpeak. Der Niedertemperaturpeak ist auf schwach gebundenen Ammoniak beispielsweise an den Silanolgruppen an der Oberfläche des Zeolithen zurückzuführen (s. Kapitel 2.2), wohingegen der Hochtemperaturpeak die Brønsted-sauren Zentren des Zeolithen charakterisiert, die für die katalytische Aktivität verantwortlich sind. Genauere Angaben zum Messgerät und zur Durchführung der Messungen finden sich im Anhang in Kapitel 9.1.

3.2 Reaktionstechnische Messungen

3.2.1 Aufbau der Versuchsanlage

Ein Fließbild der Versuchsanlage zur Durchführung der reaktionstechnischen Messungen ist in Abbildung 3.1 dargestellt. Im Wesentlichen bestand diese aus den 3 Abschnitten Eduktdosierung, Reaktorsystem sowie Abgasnachbehandlung und -analyse, welche in diesem Abschnitt genauer beschrieben werden.

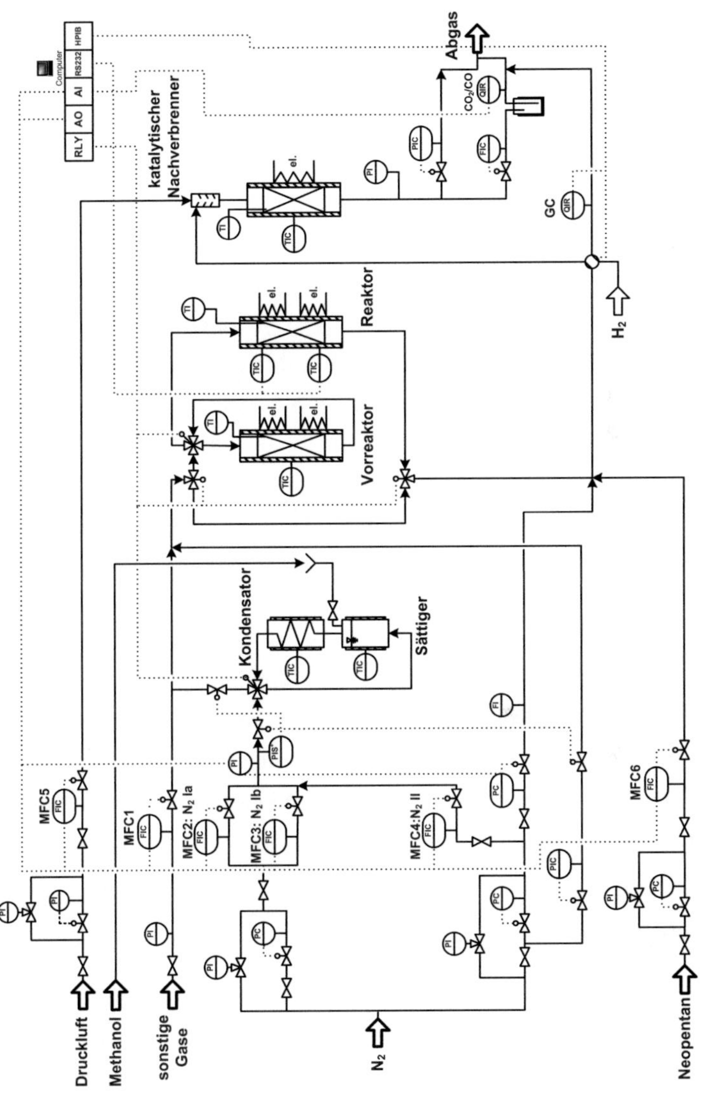

Abbildung 3.1: Fließbild der verwendeten Laboranlage

Eduktdosierung

Die Gase Stickstoff (N_2), Druckluft und der interne Standard für die Gaschromatographie (0,5 Vol-% Neopentan in Stickstoff) wurden über Massendurchflussregler (MFC, Brooks, 5850 E, 5850 TR und Bronkhorst, F - 201C FA) zudosiert, die über einen Anlagenrechner gesteuert wurden. Mit einem zusätzlichen Massendurchflussregler war es möglich weitere Gase in die Anlage zu leiten. Für die Gaschromatographie wurden zudem die Gase Wasserstoff und synthetische Luft benötigt, wobei die Zudosierung im Gerät selbst erfolgte. Das flüssig vorliegende Methanol (Merck, Reinheit > 99 %) wurde über ein Sättiger-Kondensator-System in die Gasphase überführt. Dabei wurde ein Stickstoffstrom durch einen mit dem Methanol gefüllten zylindrischen Sättiger ($d = 85$ mm, $L = 500$ mm) geleitet und bei einer definierten Temperatur beladen. Im anschließenden Kondensator wurde der Gasstrom um 3 °C abgekühlt, so dass ein Teil des Methanols wieder auskondensierte und ein gesättigter Gasstrom sichergestellt werden konnte. Die Temperierung des Kondensators erfolgte über ein Thermostat mit Wasser als Wärmeträgermedium (Lauda, RML6). Der Druck im Sättiger-Kondensator-System wurde bei allen durchgeführten Versuchen konstant bei 1,65 bar gehalten und durch Variation der Sättiger- und Kondensatortemperatur konnte entsprechend der Dampfdruckkurve von Methanol (s. Anhang, Kapitel 9.2) der gewünschte Methanolpartialdruck für die jeweilige Versuchsreihe eingestellt werden (s. Kapitel 3.2.2). Mittels eines 4-2-Wege Ventils konnte der Sättiger umgangen werden, wodurch die Anlage mit reinem Stickstoff gespült werden konnte.

Reaktorsystem

Zur Durchführung des MTO-Prozesses wurden zwei gleiche Reaktoren hintereinander angeordnet, einerseits der DME-Vorreaktor und andererseits der eigentliche Hauptreaktor zur Herstellung der Kohlenwasserstoffe (s. Abbildung 3.2). Beide bestanden jeweils aus einem Edelstahlrohr mit 16 mm Innendurchmesser und 350 mm Länge. In den Reaktoren verlief axial mittig ein Thermoelementführungsrohr, in welches ein Ni/CrNi-Thermoelement eingeführt werden konnte, damit die Temperatur in der Katalysatorschüttung bestimmt werden konnte. Die Reaktoren waren umgeben von einem Aluminiummantel, welcher von außen spiralförmig eingefräst war. Die Beheizung erfolgte über elektrische Widerstandsheizungen, die um den Mantel gewickelt wurden. Nach außen hin sorgte eine Packung aus Glaswolle für Isolation. Im Hauptreaktor wurde die Katalysatorschüttung aus ZSM-5/AlPO$_4$-Extrudaten mittig innerhalb einer isothermen Zone platziert und die Zwischenräume der Katalysatorextrudate wurden mit SiC-Partikeln ($d = 0,2$ mm) aufgefüllt. Dadurch sollte zum einen die Wärmeabfuhr verbessert und zum anderen sollten einheitliche Strömungsverhältnisse (ideales Pfropfstromverhalten, s. Anhang, Kapitel 9.5) hergestellt werden. Vor der Katalysatorschüttung befand sich eine 3 cm lange Einlaufzone und dahinter eine ca. 1 - 2 cm lange Auslaufzone aus SiC-Partikeln ($d = 0,2$ mm). Die ersten 9 cm des Reaktors in Strömungsrichtung und das restliche Reaktorvolumen nach den erwähnten Schüttungen wurden mit groberen SiC-Partikeln ($d = 1$ mm) aufgefüllt. Eine Trennung der unterschiedlichen SiC-Schichten erfolgte mit Hilfe von Glaswolle, damit keine Vermischung der Partikel stattfinden konnte. Im DME-Vorreaktor erstreckte sich das Katalysatorbett aus γ-Al$_2$O$_3$-Extrudaten über ca. die Hälfte der Reaktorlänge, und zwischen den Extrudaten befanden sich ebenfalls SiC-Partikel ($d = 0,2$ mm). Die Ein- und Auslaufzone aus reinen SiC-Partikeln vor und nach der Katalysatorschicht war in diesem Reaktor nur ca. 1,5 cm lang. Am Eingang des Reaktors befand sich eine 1 cm lange Schicht aus Glaswolle, gefolgt von einer 5 cm langen SiC-Schicht ($d = 1$ mm). Das restliche Reaktorvolumen wurde wie beim Hauptreaktor ebenfalls mit diesen groben SiC-Partikeln aufgefüllt und auch hier erfolgte die Trennung der unterschiedlichen SiC-Schichten mit Glaswolle. Beide Reaktoren konnten mittels zweier 3-2-Wegeventile im sogenannten *Bypass* umgangen werden, wobei die beiden Ventile nur gemeinsam geschaltet werden konnten. Außerdem war es möglich den Vorreaktor über ein 4-2-Wegeventil separat zu umgehen, so dass der Hauptreaktor auch alleine verwendet werden konnte.

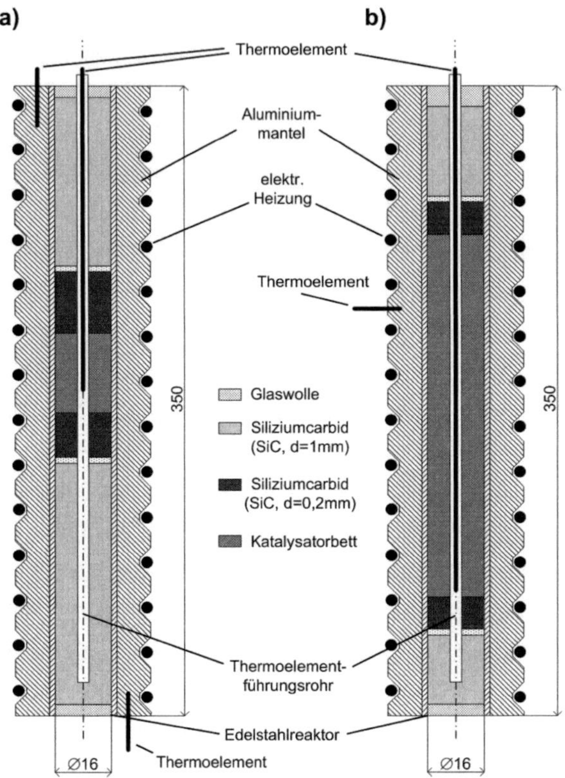

Abbildung 3.2: Schematischer Querschnitt des (a) Hauptreaktors für die Herstellung von Olefinen und des (b) DME-Vorreaktors

Abgasnachbehandlung und -analyse

Dem anfallenden Produktgemisch wird nach dem Reaktorsystem Neopentan als interner Standard für die Gaschromatographie zugemischt. Neopentan wurde gewählt, da es bei MTO-Prozessbedingungen weder reaktiv ist noch gebildet wird. Nach dieser Zudosierung durchströmt das Gasgemisch die externe Probenschleife des *online* betriebenen Gaschromatographen (GC, Hewlett Packard, 6890). Zur Analyse der Gaszusammensetzung wird das Probenschleifenventil (Vici) pneumatisch geschalten, so dass der Inhalt der Probenschleife vom Trägergas Wasserstoff zum GC transportiert wird. Dort werden die Komponenten in einer Kapillarsäule (Varian, CP-PoraBOND Q) aufgetrennt und anschließend mittels eines Flammenionisationsdetektors (FID) detektiert. Genauere Angaben zum GC und zu den Betriebsparametern finden sich im Anhang in Kapitel 9.3.

Nach dem Probenschleifenventil wird der gesamte Gasstrom mit einem Druckluftstrom ($\dot{V}_{Luft} = 6000$ ml$_N$/min) vermischt und daraufhin einem katalytischen Nachverbrenner zugeführt, in welchem die organischen Bestandteile bei 400 °C komplett zu Kohlendioxid (CO_2) und Wasser oxidiert werden. Hierfür kommt ein monolithischer Trägerkatalysator mit Cu/Mn-Oxid als Aktivkomponente zum Einsatz, der in einen 408 mm langen Reaktor mit 106 mm Durchmesser eingepasst wurde. Ein Teil des anfallenden Abgasstroms wird kontinuierlich in einem Infrarot-Spektrometer (Hartmann & Braun, Uras 10E) auf dessen CO_2-Konzentration analysiert.

Druckregelung

Der Anlagendruck wird während der Versuche konstant gehalten. Mittels eines Ventils am Ende der Anlage wird der Druck grob voreingestellt. Zur feineren Regelung wird dem Gasstrom nach dem Reaktor ein zusätzlicher Stickstoffstrom über einen automatischen Druckregler (Brooks, PC 5866) zugeführt. Die Größe des zusätzlichen Volumenstroms kann mittels eines Rotameters (Rota Yokogawa, RAGK41) ermittelt werden.

3.2.2 Versuchsdurchführung

In Tabelle 3.2 sind die Betriebsparameter aufgelistet, die bei allen in dieser Arbeit durchgeführten Versuchen konstant gehalten wurden. Bei allen Versuchen wurde der DME-Vorreaktor eingesetzt, in dem bei der eingestellten Reaktionstemperatur ein Umsatz an Methanol von 86 % erzielt wurde, was nahezu dem Gleichgewichtsumsatz entspricht (Berechnung s. Anhang, Kapitel 9.2.2).

Tabelle 3.2: Bei allen Versuchen konstant gehaltene Betriebsparameter

Parameter	Wert	Einheit
Anlagendruck	1,65	bar
Temperatur im Vorreaktor	300	°C
Katalysatormasse im Vorreaktor	10	g
Volumenstrom GC-Standard	50	ml_N/min

Bestimmung der Eduktzusammensetzung

Vor jeder Bestimmung eines neuen Messpunkts wurde die Zusammensetzung des Eduktstroms mittels GC-Analyse ermittelt. Dazu wurde das Reaktorsystem im *Bypass* umgangen und der gewünschte Volumenstrom sowie der Anlagendruck eingestellt. Nachdem eine konstante Beladung des Stickstoffstroms mit Methanol erreicht wurde, erkennbar an einer konstanten CO_2-Konzentration im Abgas, wurden mit dem GC nacheinander drei Proben analysiert. Der Stoffmengenstrom an Methanol wurde aus dem Mittelwert der aus den Chromatogrammen erhaltenen Peakflächen berechnet (s. Kapitel 3.2.3). Nach der letzten Probennahme wurde dann von *Bypass* auf Reaktordurchlauf umgeschaltet.

Messreihen mit Methanol im Eduktstrom

Bei diesen Messreihen wurde der MTO-Prozess „klassisch" mit Methanol im Eduktstrom durchgeführt. Bei den einzelnen Messreihen wurde die Reaktionstemperatur im Hauptreaktor und die Methanolkonzentration im Sättiger variiert (s. Tabelle 3.3). Im Folgenden wird die Versuchdurchführung für einen einzelnen Messpunkt beschrieben.

Nach der Bestimmung der Eduktzusammensetzung und Zudosierung des gewünschten Eduktvolumenstrom in das Reaktorsystem musste die gewünschte

Reaktionstemperatur im Katalysatorbett eingestellt und solange gewartet werden, bis sich ein stationärer Zustand eingestellt hatte (Dauer ca. 20−30 min). Erkennbar war dies an der CO_2-Konzentration im Abgasstrom. Anschließend wurden drei Proben des Produktgasstroms mit Hilfe des GC nacheinander analysiert. Nachdem die letzte Probennahme erfolgt war, wurde das Reaktorsystem für 30 Minuten mit Stickstoff gespült, indem der Sättiger umgangen wurde. Dadurch wurden alle diffusionsfähigen Kohlenwasserstoffe aus dem Porensystem des Katalysators entfernt, bevor ein neuer Messpunkt, wieder beginnend mit der Bestimmung der Eduktzusammensetzung, ermittelt werden konnte. Die Katalysatorextrudate wurden nach maximal drei Messpunkten durch neue ersetzt, um zu verhindern, dass die Messergebnisse durch die Deaktivierung des Katalysators beeinflusst wurden. Die jeweils eingebaute Katalysatorschicht wurde somit nur für ca. 3 Stunden mit dem Eduktgemisch belastet.

Messreihen mit Olefinen im Eduktstrom

Neben Messungen mit Methanol wurden auch Messreihen mit den Olefinen Ethen, Propen oder Isobuten im Eduktstrom durchgeführt, um mögliche Folgereaktionen dieser Stoffe im MTO-Prozess zu identifizieren. Die bei Umgebungstemperatur gasförmigen Olefine wurden mit Hilfe eines zusätzlich vorhandenen Massendurchflussreglers zudosiert (s. Kapitel 3.2.1). Die Zusammensetzungen der verwendeten Gasgemische sind in Tabelle 3.4 aufgelistet. Das Sättiger-Kondensator-System wurde bei diesen Messreihen nicht benötigt. Eine Auflistung der Eintrittskonzentrationen der verwendeten Olefine in den Hauptreaktor bei allen durchgeführten Messungen ist in Tabelle 3.5 dargestellt. Zur Einstellung der gewünschten Konzentration wurde zusätzlich Stickstoff zur Verdünnung der verwendeten Gasgemische zudosiert. Die bei diesen Messungen variierten Betriebsparameter sind in Tabelle 3.6 aufgelistet.

Auch hier wurde vor der Ermittlung jedes Messpunktes zunächst die Eduktzusammensetzung bestimmt. Nachdem der Eduktgasstrom durch das Reaktorsystem geleitet wurde und sich ein stationärer Zustands eingestellt sowie die Tem-

Tabelle 3.3: Betriebsparameter, die bei den Messreihen mit Methanol im Eduktstrom variiert wurden

Parameter	Wert	Einheit
Reaktionstemperatur T_R	400 425 450	°C
Katalysatormasse	0,313−2,774	g
Volumenstrom Stickstoff	150−400	ml_N/min
Sättigertemperatur	28 43 53	°C
Kondensatortemperatur	25 40 50	°C
Methanolkonzentration nach Kondensator (ideales Gasverhalten)	10,3 21,5 33,7	Vol-%
entsprechender Methanolpartialdruck	0,169 0,354 0,555	bar
entsprechender Massenstrom Methanol	0,025−0,065 0,068−0,146 0,109−0,210	g/min
Gesamtvolumenstrom (Methanol und Stickstoff)	172−477	ml_N/min

peratur den gewünschten Wert angenommen hatte, konnten nacheinander drei Proben des Produktgases mittels GC analysiert werden. Nach der letzten Probennahme wurde die Dosierung der Olefine gestoppt und das Reaktorsystem mit Stickstoff gespült, bis kein CO_2 im Abgas mehr gemessen werden konnte.

Tabelle 3.4: Zusammensetzung der Gasgemische bei den Messreihen mit Olefinen im Eduktstrom

Stoff	Zusammensetzung Gasgemisch
Ethen	10 Vol-% in Stickstoff
Propen	Reingas
Isobuten	5 Vol-% in Stickstoff

Tabelle 3.5: Eintrittskonzentrationen der Olefine in das Reaktorsystem

Stoff	Konzentration
Ethen	$0{,}2$ mol/m^3
Propen	$0{,}8$ mol/m^3
Isobuten	$0{,}2$ mol/m^3

Messreihen mit Methanol und Olefinen im Eduktstrom

Bei einigen Messungen wurde Methanol gleichzeitig mit einem Olefin im Eduktstrom zudosiert (sogenanntes *co-feeding*). Die eingesetzten Olefine waren Ethen, Propen und Isobuten. Das Ziel war die Identifizierung von möglichen Folgereaktionen dieser Olefine mit Methanol. Die Zudosierung von Methanol erfolgte dabei über das Sättiger-Kondensator-System, und das jeweilige Olefin wurde über einen zusätzlichen Massendurchflussregler zugegeben (s. Kapitel 3.2.1). Die Methanolkonzentration im Sättiger wurde konstant bei 21,5 Vol-% gehalten (entspricht einem Methanolpartialdruck von 0,354 bar). Die entsprechende Sättiger- bzw. Kondensatortemperatur kann Tabelle 3.3 entnommen werden. Die

Gaszusammensetzungen der Olefine entsprechen denen im vorherigen Abschnitt (s. Tabelle 3.4), und die Olefineintrittskonzentrationen in den Hauptreaktor waren ebenfalls identisch (s. Tabelle 3.5). Nur für einige Messpunkte mit Methanol und Isobuten wurde die Konzentration an Isobuten halbiert ($0{,}1$ mol/m^3). Die Betriebsparameter, die bei den durchgeführten Messungen variiert wurden sind in Tabelle 3.7 aufgelistet. Die Durchführung der Versuche entspricht der Durchführung der Messreihen, bei denen ausschließlich Methanol verwendet wurde.

3.2.3 Versuchsauswertung

Raumgeschwindigkeit WHSV

Die Raumgeschwindigkeit WHSV (weight hourly space velocity) wird definiert als das Verhältnis zwischen dem Eduktmassenstrom und der eingesetzten Katalysatormasse. In dieser Arbeit bezieht sie sich auf die eingesetzte Masse an Zeolith. Durch die Variation der WHSV war es möglich einen weiten Umsatzbereich zu betrachten. Dabei wurde neben dem Eduktmassenstrom (über den Stickstoffvolumenstrom durch den Sättiger) auch die Masse an Zeolithextrudaten variiert.

Bei den Messungen mit Methanol im Eduktstrom wurde die WHSV auf den Methanolmassenstrom vor Eintritt in das Reaktorsystem $\dot{m}_{MeOH,0}$ bezogen (s. Gleichung 3.1). Es sei noch einmal darauf hingewiesen, dass die Eduktmischung vor dem Hauptreaktor zum größten Teil aus DME besteht, da Methanol im Vorreaktor zu DME und Wasser umgesetzt wird. Da Methanol und DME als eine Eduktspezies angesehen werden können, wurde aus praktischen Gründen der Massenstrom an zudosiertem Methanol verwendet, da dieser in *Bypass*-Messungen jedesmal vor der Bestimmung eines Messpunkts ermittelt wurde (s. Kapitel 3.2.2).

$$WHSV_{MeOH} = \frac{\dot{m}_{MeOH,0}}{m_{Zeolith}} \qquad (3.1)$$

Für die Messungen, bei denen nur die Olefine im Eduktstrom zudosiert wurden, erfolgte die Berechnung der WHSV mit Hilfe des jeweils verwendeten Olefinmassenstroms (s. Gleichung 3.2).

$$WHSV_i = \frac{\dot{m}_{i,0}}{m_{Zeolith}} \; ; \; i = Ethen, \; Propen, \; Isobuten \qquad (3.2)$$

Bei den Messungen mit Methanol und einem Olefin im Eduktstrom konnte die WHSV sowohl für Methanol als auch für das jeweils eingesetzte Olefin berechnet werden.

Stoffmengenströme

Die Stoffmengenströme $\dot{n}_i$ der Edukte und Produkte wurden aus den Chromatogrammen der GC-Analyse bestimmt. Die Berechnung erfolgte mit Hilfe der Peakflächen F_i der jeweiligen Spezies i relativ zur Peakfläche des zudosierten internen Standards Neopentan $F_{Neopentan}$ (s. Gleichung 3.3). Da das im Chromatogramm abgebildete Signal des Flammenionisationsdetektors abhängig von der jeweiligen Substanz war, mussten Korrekturfaktoren (f_i und $f_{Neopentan}$) verwenden werden, wobei der Korrekturfaktor des internen Standards $f_{Neopentan}$ definitionsgemäß den Wert Eins erhält. Die Bestimmung der Korrekturfaktoren der in dieser Arbeit betrachteten Stoffe ist im Anhang in Kapitel 9.3.2 beschrieben. Der Stoffmengenstrom an Neopentan $\dot{n}_{Neopentan}$ war bei allen durchgeführten Messungen gleich groß, da immer der selbe Volumenstrom zudosiert wurde (s. Tabelle 3.2).

$$\dot{n}_i = \dot{n}_{Neopentan} \cdot \frac{f_i}{f_{Neopentan}} \cdot \frac{F_i}{F_{Neopentan}} \qquad (3.3)$$

Umsatz und Selektivität

Methanol und DME sind beides Edukte im MTO-Prozess, können aber als eine Eduktspezies angesehen werden. Der Umsatz wird daher definiert als

$$X_{MeOH/DME} = \frac{(\dot{n}_{MeOH,0} - \dot{n}_{MeOH}) \cdot z_{C,MeOH} - \dot{n}_{DME} \cdot z_{C,DME}}{\dot{n}_{MeOH,0} \cdot z_{C,MeOH}}. \qquad (3.4)$$

Dabei muss der unterschiedliche Kohlenstoffgehalt von Methanol und DME berücksichtigt werden, weshalb die Stoffmengenströme mit der jeweiligen Kohlenstoffanzahl $z_{C,MeOH}$ bzw. $z_{C,DME}$ multipliziert werden. Der Stoffmengenstrom an Methanol am Eintritt in das Reaktorsystem $\dot{n}_{MeOH,0}$ wird über *Bypass*-Messungen vor der Bestimmung eines jeden neuen Messpunktes ermittelt (s. Kapitel 3.2.2).

Die Reaktorselektivität $^{R}S_i$ gibt an, wieviel an umgesetztem Edukt zu einem bestimmten Produkt i reagiert ist. Die unterschiedlichen Kohlenstoffgehalte der Produkte werden berücksichtigt, indem Edukte und Produkte mit ihrer jeweiligen Kohlenstoffanzahl $z_{C,i}$ multipliziert werden:

$$^{R}S_i = \frac{(\dot{n}_i - \dot{n}_{i,0}) \cdot z_{C,i}}{(\dot{n}_{MeOH,0} - \dot{n}_{MeOH}) \cdot z_{C,MeOH} - \dot{n}_{DME} \cdot z_{C,DME}} \qquad (3.5)$$

Die Summe der Reaktorselektivitäten aller Produkte muss gleich Eins sein (s. Gleichung 3.6). Durch die kontinuierliche Messung des Kohlenstoffgehalts in Form von CO_2 im Abgas des Nachverbrenners mittels IR-Spektroskopie (s. Kapitel 3.2.1) konnte überwacht werden, ob sich während der Durchführung der Messungen Kohlenstoff auf dem Katalysator ablagert. Da keine Abnahme der CO_2-Konzentration gemessen werden konnte, war eine Deaktivierung während der Messdauer nicht nachweisbar, und die Selektivitätssumme bestand daher nur aus gasförmigen Substanzen.

$$\sum_i {}^{R}S_i = 1 \qquad (3.6)$$

Tabelle 3.6: Betriebsparameter, die bei den Messungen mit Olefinen im Eduktstrom variiert wurden

Parameter	Wert	Einheit
Reaktionstemperatur T_R	400	°C
	425	
	450	
Ethen:		
Katalysatormasse	1,002 & 2,081	g
Gesamtvolumenstrom (Ethen und N_2)	103−110	ml_N/min
Volumenstrom Ethen	8	ml_N/min
Massenstrom Ethen	$9{,}42 \times 10^{-5}$	g/min
Propen:		
Katalysatormasse	1,002−7,511	g
Gesamtvolumenstrom (Propen und N_2)	55−226	ml_N/min
Volumenstrom Propen	1,5−6,4	ml_N/min
Massenstrom Propen	0,003−0,012	g/min
Isobuten:		
Katalysatormasse	0,431−2,111	g
Gesamtvolumenstrom (Isobuten und N_2)	64−198	ml_N/min
Volumenstrom Isobuten	10−30	ml_N/min
Massenstrom Isobuten	0,0012−0,0035	g/min

Tabelle 3.7: Betriebsparameter, die bei den Messungen mit Methanol und einem Olefin im Eduktstrom variiert wurden

Parameter	Wert	Einheit
Reaktionstemperatur T_R	400	°C
	425	
	450	
Methanol & Ethen:		
Katalysatormasse	0,502−2,564	g
Gesamtvolumenstrom (Ethen/Methanol/N_2)	161−396	ml_N/min
Volumenstrom Ethen	12−30	ml_N/min
Massenstrom Methanol	0,049−0,121	g/min
Massenstrom Ethen	0,002−0,006	g/min
Methanol & Propen:		
Katalysatormasse	0,231−1,206	g
Gesamtvolumenstrom (Propen/Methanol/N_2)	139−396	ml_N/min
Volumenstrom Propen	4−11,5	ml_N/min
Massenstrom Methanol	0,042−0,121	g/min
Massenstrom Propen	0,008−0,017	g/min
Methanol & Isobuten:		
Katalysatormasse	0,214−1,013	g
Gesamtvolumenstrom (Isobuten/Methanol/N_2)	137−245	ml_N/min
Volumenstrom Isobuten	14−30	ml_N/min
Massenstrom Methanol	0,042−0,075	g/min
Massenstrom Isobuten	0,0012−0,0026	g/min

4 Einfluss der Reaktionsbedingungen auf die Produktverteilung

Zur Aufstellung eines kinetischen Reaktionsmodells ist es notwendig, Kenntnisse über die durch die Reaktion gebildeten Produkte und den Einfluss der Reaktionsbedingungen auf deren Bildung zu bekommen, um ein geeignetes Reaktionsnetzwerk mit geeigneten Ansätzen für die Reaktionsgeschwindigkeiten entwickeln zu können. In diesem Kapitel soll der Einfluss der Reaktionsbedingungen auf die an ZSM-5/AlPO$_4$-Extrudaten gebildeten Produkte beschrieben werden. In der vorangegangenen Arbeit von Freiding [4] zur Untersuchung des Bindereinflusses wurden nur die Wertprodukte Ethen und Propen betrachtet sowie Methan, das als unerwünschtes Nebenprodukt bei Temperaturen über 400 °C an γ-Al$_2$O$_3$-gebundenen Extrudaten entsteht (s. Kapitel 2.2.4). Daher wurde zunächst das erhaltene Produktspektrum genauer untersucht, bevor anschließend der Einfluss der Reaktionstemperatur und der Eingangskonzentration von Methanol auf die Selektivitäten zu den gefundenen Produkten über einen breiten Umsatzbereich an Methanol bzw. DME untersucht wurde.

4.1 Produktspektrum

Unter den typischen Prozessbedingungen für den MTO-Prozess (s. Kapitel 2.6) entstehen bei der Umsetzung von Methanol an ZSM-5-Katalysatoren Kohlen-

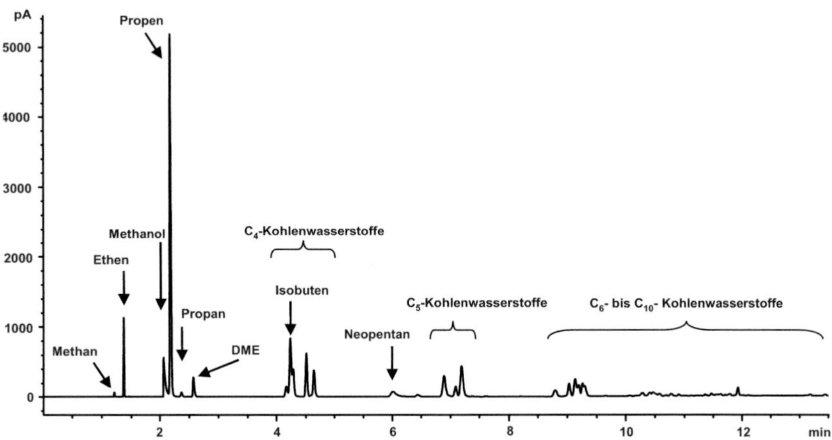

Abbildung 4.1: Beispielchromatogramm der Kohlenwasserstoffe im Produktgas gemessen bei 425 °C und 21,5 Vol-% Methanol im Eduktstrom. Neopentan ist dabei kein Produkt, sondern der interne Standard für die Analyse.

wasserstoffe mit einer Kettenlänge im Bereich zwischen C_2 und C_{10} (s. Kapitel 2.2.3) und Wasser. In Abbildung 4.1 ist beispielhaft das Chromatogramm einer Reaktionsmischung dargestellt, die an den verwendeten ZSM-5/AlPO$_4$-Extrudaten erhalten wurde. Bei der Erarbeitung eines geeigneten Trennprozesses im Gaschromatographen musste ein Kompromiss gewählt werden zwischen einer hohen Auflösung der einzelnen Produktspezies und einem zeitlich annehmbaren Analyseaufwand. Mit dem hier gewählten Analyseprogramm und der verwendeten Kapillarsäule war eine vollständige Auftrennung des Reaktionsgemisches nur bis zu den entstehenden C_4-Kohlenwasserstoffen möglich. Außerdem konnte der interne Standard Neopentan von den restlichen C_5-Kohlenwasserstoffen abgetrennt werden, welches eine Vorraussetzung für die richtige Bestimmung der Stoffmengenströme darstellt (s. Kapitel 3.2.3). Bei den übrigen C_5-Kohlenwasserstoffen fielen mehrere Spezies in einem Peak zusammen, so dass diese in der späteren Betrachtung zu einer Produktgruppe zusammengefasst wurden.

Die durchgeführten Messungen bestätigen auch noch einmal, dass bei allen untersuchten Prozessbedingungen kein Methan am Katalysator entsteht. Der kleine Methan-Peak, der in Abbildung 4.1 zu sehen ist, entsteht am eingesetzten Inertmaterial SiC, was durch Blindmessungen (ohne Zeolithkatalysator) bestätigt werden konnte. Die Selektivität zu Methan lag bei allen Experimenten immer unter 0,5 % und war damit zu vernachlässigen. Die gemessene Produktverteilung kann hingegen mit Ergebnissen aus der Literatur bei Messungen mit reinem ZSM-5 ohne Einsatz von Bindermaterial verglichen werden [9, 34], weshalb davon ausgegangen werden kann, dass sich $AlPO_4$ als Bindermaterial völlig inert verhält, wie bereits von Freiding [4] vermutet wurde.

Das Hauptprodukt des erhaltenen Kohlenwasserstoffgemischs ist Propen, das mit Selektivitäten von bis zu knapp über 40 %, abhängig von den eingestellten Reaktionsbedingungen und dem Umsatzbereich, hergestellt wird. Dagegen spielt Ethen, eigentlich das zweite Zielprodukt im MTO-Prozess, an dem eingesetzten siliziumreichen ZSM-5 nur eine untergeordnete Rolle. Die Selektivitäten lagen bei allen gemessenen Reaktionsbedingungen immer unter 10 %. Dieses Ergebnis war so zu erwarten, da in der Literatur berichtet wird, dass Ethen an ZSM-5-Katalysatoren ein Nebenprodukt ist, während es bei SAPO-34-Katalysatoren das Hauptprodukt darstellt (s. Kapitel 2.2.3).

Die zweitgrößte Produktgruppe stellen in Summe die C_4-Olefine dar, wobei Isobuten darunter den größten Anteil ausmacht. Einen nicht vernachlässigbaren Produktanteil bei der Umsetzung an ZSM-5 haben auch Kohlenwasserstoffe mit einer Kettenlänge von C_5 und größer, da diese aufgrund der Porengröße noch leicht aus dem mittelporigen Zeolithen hinaus diffundieren können (s. Kapitel 2.2.3). Der Anteil an längerkettigen Kohlenwasserstoffen nimmt mit zunehmender Kohlenstoffanzahl des Moleküls ab (s. Abbildung 4.1).

Von den Aromaten konnten Benzol und Toluol im Produktspektrum nachgewiesen werden. Da sich deren Peaks aufgrund der unvollständigen Trennung in der Säule mit den übrigen C_6- bzw. C_7-Kohlenwasserstoffen überlagern, konnten deren Stoffmengen jedoch nicht eindeutig bestimmt werden. Getrennt von den übrigen C_8-Kohlenwasserstoffen konnte dagegen ein Peak nachgewiesen werden, der die beiden Isomere p-Xylol oder m-Xylol enthalten kann. Da die Diffusion von m-Xylol in ZSM-5 sterisch behindert ist, kann davon ausgegangen werden, dass hier p-Xylol im Produktspektrum vorliegt, welches im Chromatogramm heraussticht (s. Abbildung 4.1).

Aufgrund der unvollständigen Trennung der Kohlenwasserstoffe ab C_6 wurden diese für die weitere Betrachtung zur Produktgruppe der höheren Kohlenwasserstoffe (HKW) zusammengefasst. Die kohlenstoffbezogene Selektivität zu dieser Gruppe berechnet sich mit Hilfe der Selektivitätssumme aller bekannten Produkte (s. Gleichung 4.1).

$$^{R}S_{HKW} = 1 - \left(\sum_i {}^{R}S_i \right)_{bekannt} \tag{4.1}$$

Zusammenfassend lässt sich sagen, dass die wichtigsten der entstehenden Produkte identifiziert werden konnten und in den folgenden Betrachtungen berücksichtigt werden. In der nachfolgenden Diskussion werden also die Selektivitätsverläufe von Ethen, Propen, den C_4-Olefinen und den C_5-Kohlenwasserstoffen sowie den höheren Kohlenwasserstoffen als Funktion des Methanol-DME-Summenumsatzes betrachtet.

4.2 Einfluss der Reaktionstemperatur

Der Einfluss der Reaktionstemperatur auf die Selektivitätsverläufe der Produkte bzw. Produktgruppen wurde im Temperaturbereich zwischen 400 °C und 450 °C untersucht. Dabei sollte vor allem der Einfluss auf die Selektivitäten zu den C_2- bis C_4-Olefinen über einen breiten Umsatzbereich genauer betrachtet werden. Zunächst wurden auch die C_4-Olefine der Einfachheit wegen zu einer Produktgruppe zusammengefasst. In Abbildung 4.2 sind die Selektivitätsverläufe als Funktion des Umsatzes der einzelnen C_4-Olefine beispielhaft bei einer Reaktionstemperatur von 425 °C und einer Methanoleingangskonzentration von 21,5 Vol-

% dargestellt. Erkennbar ist ein gleichbleibender, flacher Verlauf der Selektivitäten über den gesamten gemessenen Umsatzbereich bei allen C_4-Olefinen. Die Selektivitätsverläufe der einzelnen C_4-Olefine bei den anderen Reaktionsbedingungen sind im Anhang in Kapitel 9.8 zu finden.

Auch die Selektivitäten der anderen Produkte ändern sich grundsätzlich nur wenig über den gemessenen Umsatzbereich (s. Abbildungen 4.3–4.5). Der Einfluss der Temperatur ist nur wenig ausgeprägt. Nur die Selektivität zu Propen wird durch die Erhöhung der Reaktionstemperatur merklich gesteigert, vor allem bei Eduktumsätzen über 60 %. Diese Steigerung erfolgt auf Kosten der höheren Kohlenwasserstoffe (s. Abbildung 4.6).

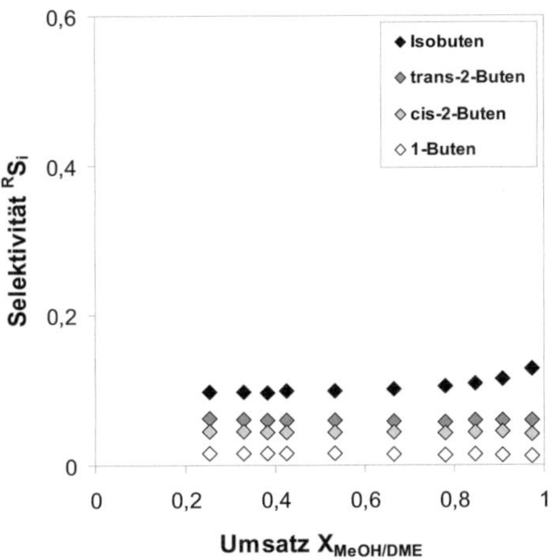

Abbildung 4.2: Selektivitäten zu den einzelnen C_4-Olefinen als Funktion des MeOH/DME-Summenumsatzes bei einer Reaktionstemperatur von 425 °C und einer Methanoleingangskonzentration von 21,5 Vol-% im Eduktstrom

In einer Studie von Chang *et al.* wurde gezeigt, dass eine Erhöhung der Temperatur zu einem Anstieg in der Summenselektivität zu den C_2- bis C_5-Kohlenwasserstoffen führt (s. Kapitel 2.6). Die Selektivitätsverläufe der einzelnen Olefine wurden aber nicht einzeln betrachtet, und die Messungen nur bei nahezu vollständigem Umsatz durchgeführt. Changs Beobachtung wurde in dieser Arbeit bestätigt, wobei der Anstieg der Summenselektivität ausschließlich auf Propen zurückzuführen ist.

Der Selektivitätsverlauf von Propen lässt sich mit Hilfe des „dual-cycle"-Mechanismus erklären (s. Kapitel 2.5). Bei diesem Mechanismus wird Propen über einen Reaktionszyklus gebildet, in dem Methylierungsreaktionen von Propen zu längerkettigen Olefinen und Crackreaktionen zurück zu Propen stattfinden. Durch Erhöhung der Reaktionstemperatur werden vor allem im Bereich von hohen Eduktumsätzen die Crackreaktionen zu Propen beschleunigt.

Die Temperatur kann allerdings nicht beliebig gesteigert werden, um die Ausbeute an Propen zu erhöhen, denn dadurch wird auch die Deaktivierung des Katalysators beschleunigt. Zunächst kommt es zu einer Deaktivierung durch die vermehrte Bildung von kohlenstoffreichen Ablagerungen in den Zeolithporen als Folge der beschleunigten Crackreaktionen. Bei Temperaturen ab 550 °C beginnt außerdem die irreversible Deaktivierungen durch die Schädigung der Zeolithstruktur (s. Kapitel 2.3).

Für die Entwicklung eines kinetischen Reaktionsmodells ist es wichtig, dass die Deaktivierung die Messdaten nicht beeinflusst. Aus diesem Grund wurden die Messungen in dieser Arbeit nur bis zu einer Reaktionstemperatur von 450 °C durchgeführt. Bei dieser Temperatur kann der Einfluss der Deaktivierung innerhalb des Zeitraums, in dem gemessen wurde, vernachlässigt werden. Dazu wurden Langzeitversuche bei dieser und höheren Temperaturen durchgeführt, um die Deaktivierungsgeschwindigkeit abzuschätzen (s. Anhang, Kapitel 9.7).

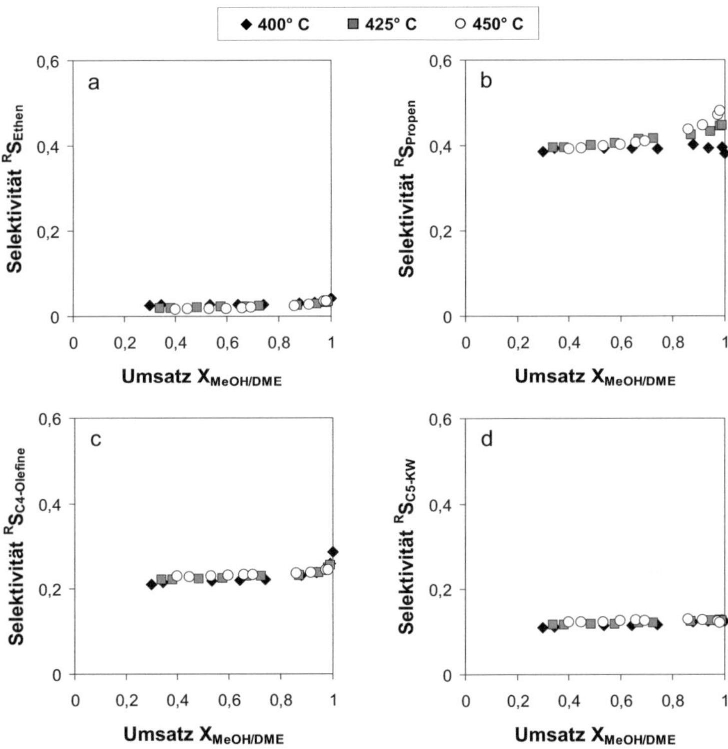

Abbildung 4.3: Einfluss der Reaktionstemperatur auf die Selektivitäten zu (a) Ethen, (b) Propen, (c) den C_4-Olefinen und (d) den C_5-Kohlenwasserstoffen bei einer Methanoleingangskonzentration von 10,3 Vol-%

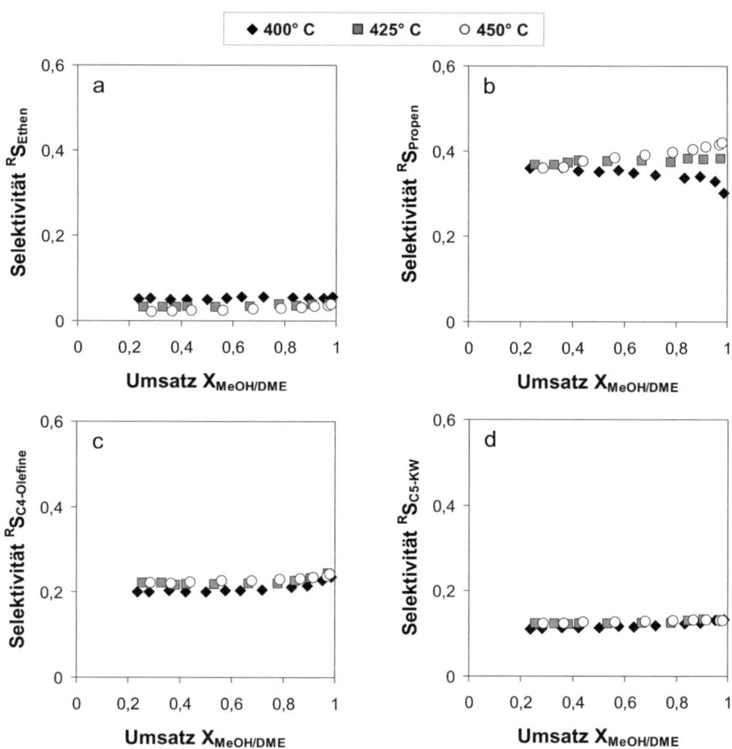

Abbildung 4.4: Einfluss der Reaktionstemperatur auf die Selektivitäten zu (a) Ethen, (b) Propen, (c) den C_4-Olefinen und (d) den C_5-Kohlenwasserstoffen bei einer Methanole-ingangskonzentration von 21,5 Vol-%

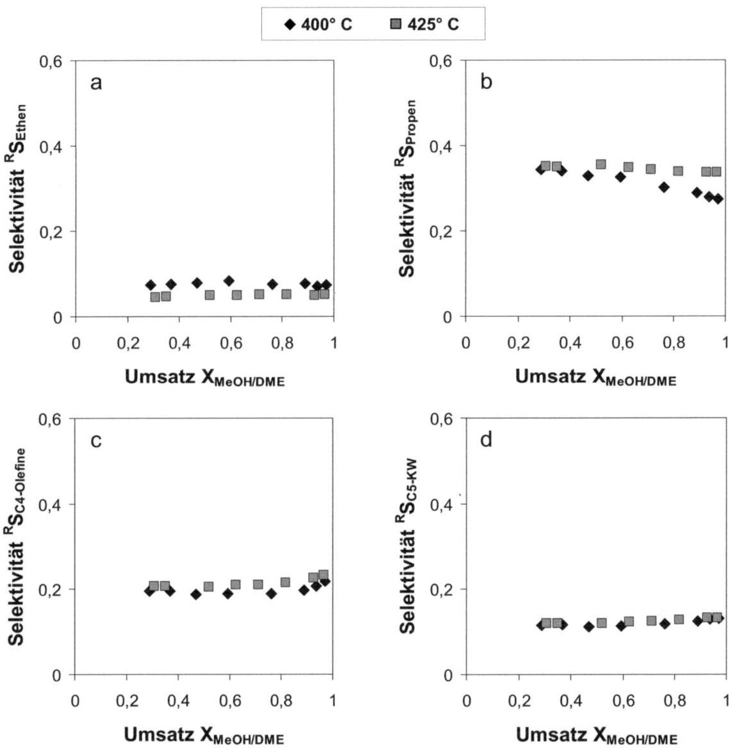

Abbildung 4.5: Einfluss der Reaktionstemperatur auf die Selektivitäten zu (a) Ethen, (b) Propen, (c) den C_4-Olefinen und (d) den C_5-Kohlenwasserstoffen bei einer Methanoleingangskonzentration von 33,7 Vol-%

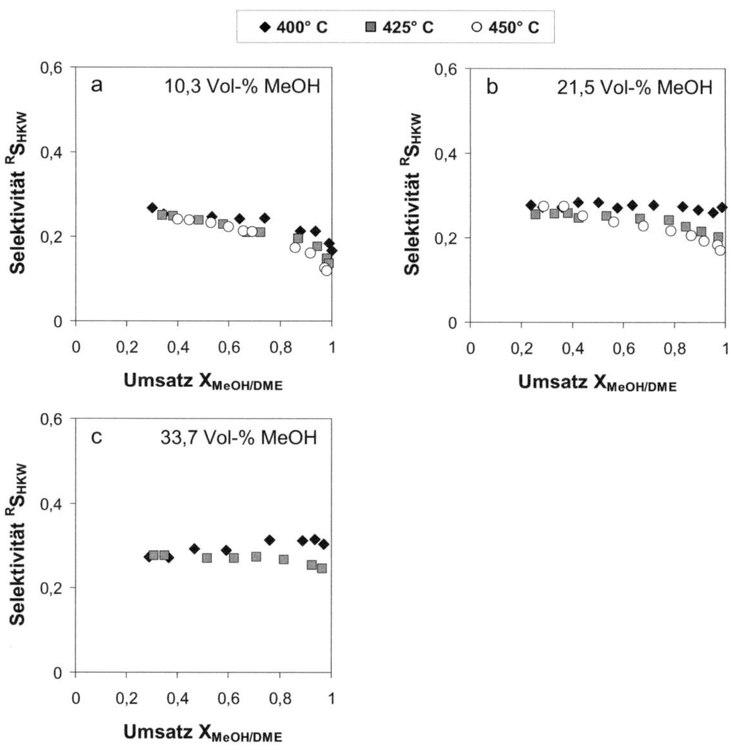

Abbildung 4.6: Einfluss der Reaktionstemperatur auf die Selektivitäten zur Gruppe der höheren Kohlenwasserstoffen (HKW) bei einer Methanoleingangskonzentration von (a) 10,3 Vol-%, (b) 21,5 Vol-% und (c) 33,7 Vol-%

4.3 Einfluss der Methanolkonzentration

Die Methanoleingangskonzentration wurde zwischen 10,3 Vol-% und 33,7 Vol-% variiert. Der größte Einfluss wurde dabei auf die Selektivitäten zu Ethen und Propen beobachtet.

Bei der Betrachtung der Selektivitäts-Umsatz-Verläufe von Ethen bzw. Propen fällt auf, dass sich beide Stoffe gegensätzlich verhalten (s. Abbildungen 4.7 und 4.8). Die Erhöhung der Methanolkonzentration führt zu einer Zunahme der Ethenselektivität, wobei diese über den gesamten Umsatzbereich nahezu konstant ist. Mit steigender Reaktionstemperatur wird der Unterschied zwischen den Selektivitätsverläufe jedoch immer geringer; bei 450 °C ist kein signifikanter Einfluss mehr zu sehen (s. Abbildung 4.7c). Die Selektivität zu Propen nimmt dagegen mit zunehmender Methanoleingangskonzentration ab, wobei die Abnahme vor allem mit steigendem Umsatz deutlicher wird.

Eine Erklärung für die erhaltenen Ergebnisse kann, wie schon beim Einfluss der Reaktionstemperatur, der „dual-cycle"-Mechanismus liefern (s. Kapitel 2.5). Ethen und Propen werden nach diesem Mechanismus auf unterschiedliche Weise gebildet. Ethen entsteht aus der Seitenketten-Methylierung von Aromaten im Porengefüge des Zeolithen. Die Erhöhung der Methanolkonzentration im Eduktstrom führt zu einer Beschleunigung dieser Reaktionen, wodurch mehr Ethen gebildet werden kann. Da bei höheren Temperaturen weniger Aromaten im Zeolithen vorliegen, wird auch weniger Ethen gebildet und der Einfluss der Methanoleingangskonzentration ist geringer.

Die Bildung von Propen erfolgt dagegen über eine Reihe von Methylierungs- und Crackreaktionen. Auch hier kommt es im Falle einer Erhöhung der Methanolkonzentration zu einer Beschleunigung der Methylierungsreaktionen, wodurch in diesem Fall aber die Abreaktion von Propen beschleunigt wird und die Selektivität zu Propen abnimmt. Dieser negative Einfluss der Methanolkonzentration kann vor allem im Bereich hoher Eduktumsätze durch die Erhöhung der Reaktionstemperatur kompensiert werden (s. Abbildung 4.8), da dadurch die Crackreaktionen der gebildeten längerkettigen Olefine beschleunigt werden. Dementsprechend nehmen auch die Selektivitäten zur Gruppe der höheren Kohlenwasserstoffe ab (s. Abbildung 4.11).

Die Selektivitätsverläufe zu den C_4-Olefinen und den C_5-Kohlenwasserstoffen weisen keine signifikanten Veränderung bei der Variation der Methanolkonzentration auf. Bei den C_4-Olefinen nehmen die Selektivitäten über den gesamten gemessenen Umsatzbereich nur geringfügig ab (s. Abbildung 4.9), wobei mit steigender Reaktionstemperatur der Unterschied zwischen den Verläufen immer geringer wird. Die C_4-Olefine können einerseits über den Kohlenwasserstoff-Pool-Mechanismus gebildet werden (s. Kapitel 2.4) und andereseits über Methylierungsreaktionen weiterreagieren (s. Kapitel 2.9.2). Durch die Erhöhung der Methanolkonzentration wird also zum einen die Bildungsgeschwindigkeit der C_4-Olefine erhöht. Zum anderen kommt es zu einer Beschleunigung der Abreaktion durch die Methylierungsreaktionen, wodurch in Summe die nur geringe Änderung in den gemessenen Selektivitätsverläufen zu erklären wäre.

Bei den C_5-Kohlenwasserstoffen sind die Verläufe nahezu identisch (s. Abbildung 4.10). Hier wäre eine Erklärung spekulativ, da aufgrund der Gasanalyse nicht zwischen Olefinen und Paraffinen unterschieden werden kann und diese Substanzen auf unterschiedliche Weise reagieren.

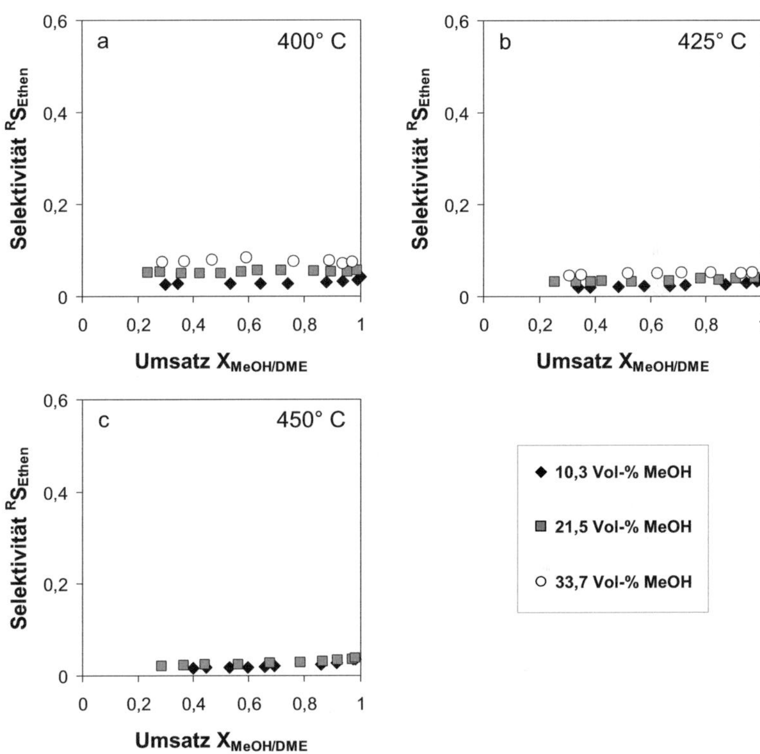

Abbildung 4.7: Einfluss der Eingangskonzentration von Methanol auf die Selektivitäten zu Ethen als Funktion des Methanol/DME-Umsatzes bei einer Reaktionstemperatur von (a) 400 °C, (b) 425 °C und (c) 450 °C

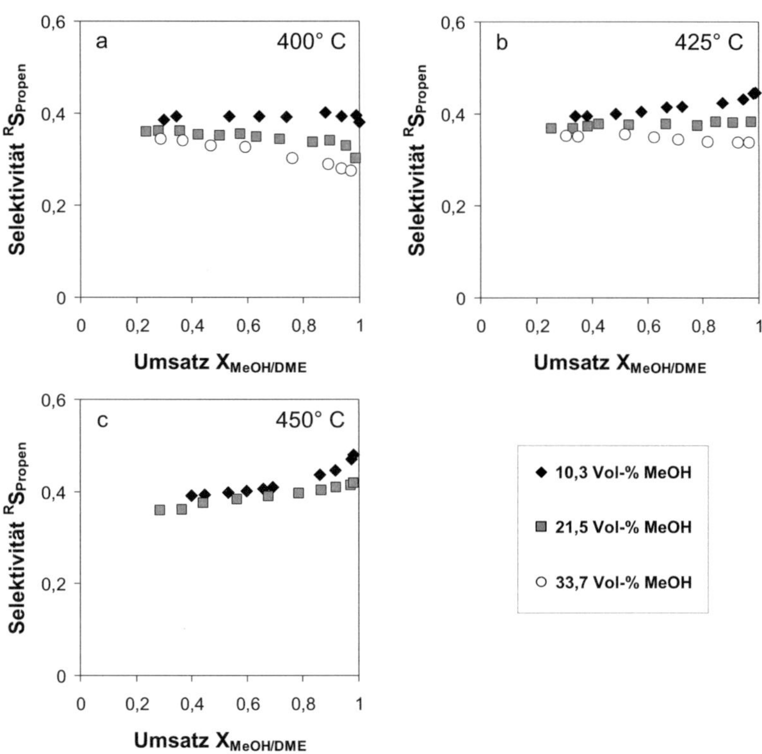

Abbildung 4.8: Einfluss der Eingangskonzentration von Methanol auf die Selektivitäten zu Propen als Funktion des Methanol/DME-Umsatzes bei einer Reaktionstemperatur von (a) 400 °C, (b) 425 °C und (c) 450 °C

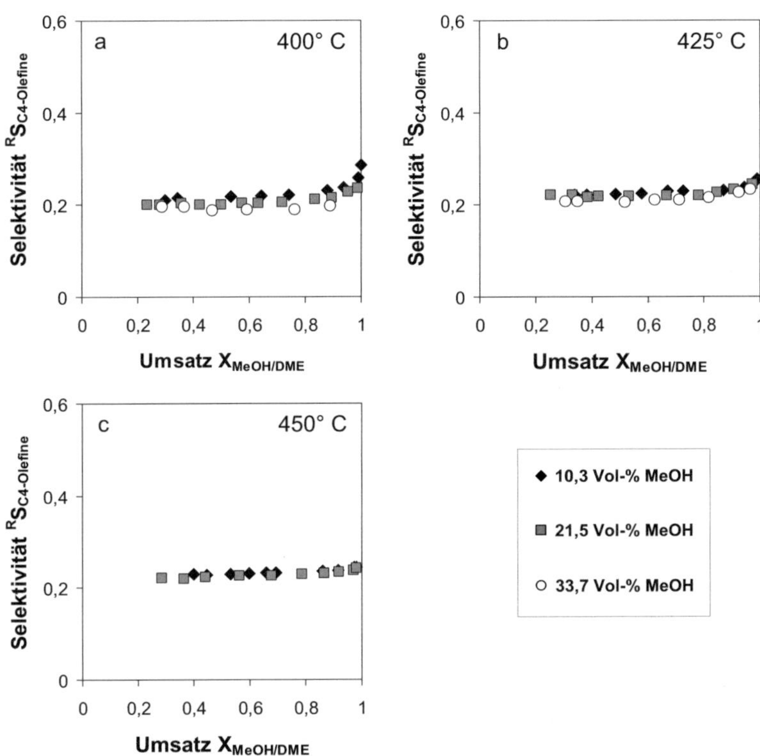

Abbildung 4.9: Einfluss der Eingangskonzentration von Methanol auf die Selektivitäten zu den C_4-Olefinen als Funktion des Methanol/DME-Umsatzes bei einer Reaktionstemperatur von (a) 400 °C, (b) 425 °C und (c) 450 °C

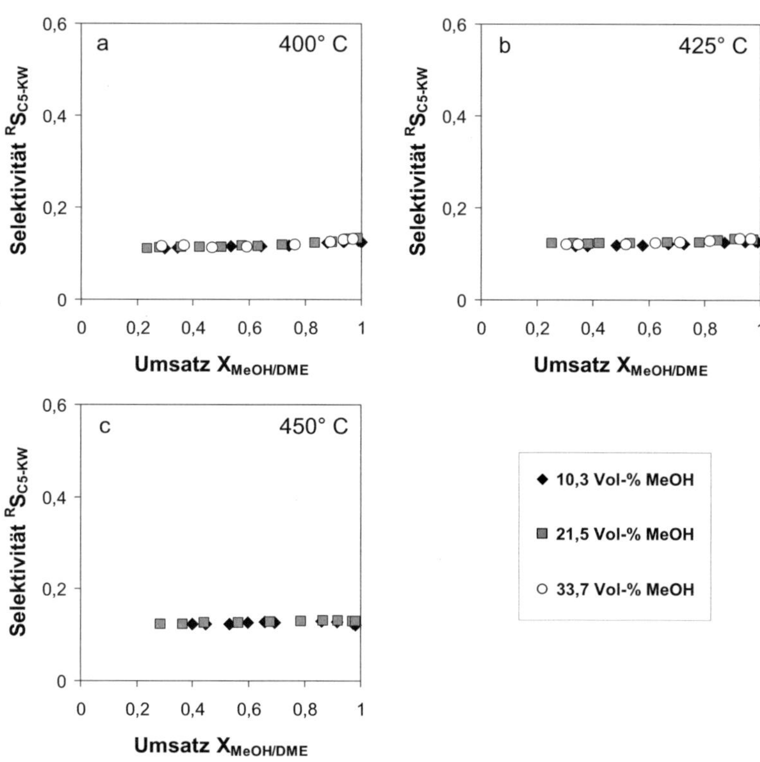

Abbildung 4.10: Einfluss der Eingangskonzentration von Methanol auf die Selektivitäten zu den C_5-Kohlenwasserstoffe als Funktion des Methanol/DME-Umsatzes bei einer Reaktionstemperatur von (a) 400 °C, (b) 425 °C und (c) 450 °C

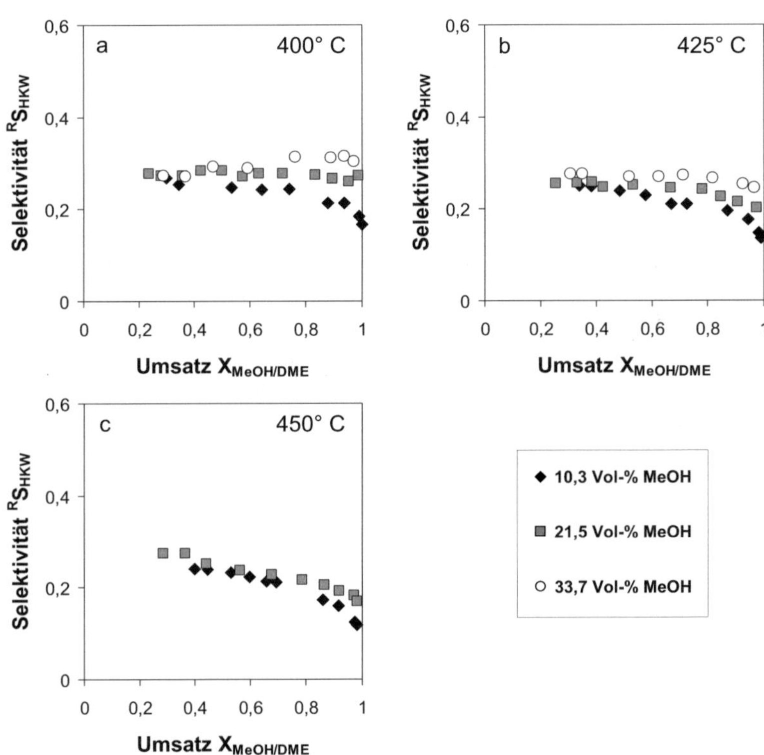

Abbildung 4.11: Einfluss der Eingangskonzentration von Methanol auf die Selektivitäten zu den höheren Kohlenwasserstoffe (HKW) als Funktion des Methanol/DME-Umsatzes bei einer Reaktionstemperatur von (a) 400 °C, (b) 425 °C und (c) 450 °C

4.4 Bewertung der Untersuchungen zum Einfluss der Reaktionsbedingungen

Allgemein haben bei der Umsetzung von Methanol zu Kohlenwasserstoffen die Reaktionsbedingungen, neben dem eingesetzten Zeolithen (s. Kapitel 2.2.3) und der Stärke und Dichte an sauren Zentren, einen großen Einfluss auf die Produktverteilung [25]. So sind Temperaturen zwischen 400 °C und 500 °C und Atmosphärendruck günstiger für die Bildung von kurzkettigen Olefinen, während Temperaturen zwischen 300 °C und 400 °C und Drücke bis zu 23 bar die Bildung von längerkettigen Kohlenwasserstoffen begünstigen. Daraus ergeben sich die verschiedenen Prozessbedingungen für den MTO- und den MTG-Prozess (s. Kapitel 2.6).

In dieser Arbeit wurden die Untersuchungen an den vielversprechenden ZSM-5/AlPO$_4$-Extrudaten nur innerhalb des typischen MTO-Prozessbereichs durchgeführt. Daher wurden die Reaktionsbedingungen in der durchgeführten Prozessstudie auch nur in diesem Bereich variiert. Dabei zeigte sich aber, dass die Reaktionstemperatur und die Methanoleingangskonzentration nur einen geringen Einfluss auf die Produktverteilung haben. Die Selektivitäten zu den Produkten bzw. Produktgruppen ändern sich im gemessenen Umsatzbereich nur wenig. Lediglich bei Umsätzen größer 80 % konnte ein signifikanter Einfluss festgestellt werden, vor allem auf die Selektivitäten zu Ethen, Propen und den höheren Kohlenwasserstoffen.

Für das Ziel dieser Arbeit, ein kinetisches Reaktionsmodell für den MTO-Prozess an den neuartigen ZSM-5/AlPO$_4$-Extrudaten zu erstellen, stellt diese relative Indifferenz gegenüber Änderungen in den Prozessbedingungen ein Problem dar, da es dadurch kaum möglich war, ein geeignetes Reaktionsnetz abzuleiten. Diese Problematik und der gewählte Lösungsansatz sollen im folgenden Kapitel näher beschrieben werden (s. Kapitel 5).

5 Untersuchungen zum Reaktionsnetz

Normalerweise können aus den gemessenen Reaktorselektivitäten $^R S_i$ der entstehenden Produkte als Funktion des Eduktumsatzes X viele Informationen über das zugrundeliegende Reaktionsnetz gewonnen werden. Beispielsweise wäre der Selektivitätsverlauf des Zwischenprodukts P bei einer einfachen Folgereaktion (s. Gleichung 5.1) mit zunehmendem Umsatz X_A an Edukt A gekennzeichnet durch einen kontinuierlichen Abfall der Reaktorselektivität von $^R S_P = 1$ auf $^R S_P = 0$. Umgekehrt kommt es für das Folgeprodukt X zu einem Anstieg der Reaktorselektivität von $^R S_X = 0$ zu $^R S_X = 1$.

$$A \longrightarrow P \longrightarrow X \tag{5.1}$$

Bei einer einfachen Parallelreaktion, bei der aus Stoff A gleichzeitig die Produkte P und X gebildet werden (s. Gleichung 5.2), nehmen die Reaktorselektivitäten $^R S_P$ und $^R S_X$ bei Eduktumsätzen X_A nahe Null Werte zwischen 1 und 0 an. Reaktionsnetze bestehen zum größten Teil aus einer Kombination von Parallel- und Folgereaktionen.

$$A \longrightarrow P \tag{5.2}$$
$$A \longrightarrow X$$

In dieser Arbeit soll mit Hilfe der in Kapitel 4 dargestellten Selektivitätsverläufe ein möglichst einfaches Reaktionsnetz für die Abbildung des MTO-Prozesses an den eingesetzten ZSM-5/AlPO$_4$-Extrudaten entwickelt werden, wobei bereits bestehende Reaktionsnetze in der Literatur eine Orientierung geben sollen (s. Kapitel 2.8). Wichtig war dabei, dass die kurzkettigen Olefine nicht, wie meistens in der Literatur, zu einer Stoffgruppe zusammengefasst werden, sondern das deren Verläufe einzeln abgebildet werden können.

Bei Betrachtung der in den Abbildungen 4.3−4.5 (s. Kapitel 4.2) dargestellten Selektivitätsverläufe fällt auf, dass die Selektivitäten aller betrachteten Produkte über den gemessenen Umsatzbereich nahezu konstant sind. Eine Aussage über die Reaktionspfade der einzelnen Stoffe ist daher nicht so einfach, wie in den eben gezeigten Beispielen.

Zunächst sollen mögliche Primärprodukte anhand der Selektivitätsverläufe als Funktion des MeOH/DME-Summenumsatzes identifiziert werden. Eine Extrapolation der gemessenen Selektivitätsverläufe zu Umsätzen kleiner 20 % lässt vermuten, dass Ethen, Propen, die C$_4$-Olefine und die C$_5$-Kohlenwasserstoffe alle parallel aus den beiden Edukten Methanol und DME gebildet werden (s. Abbildung 4.3−4.5). Anlagenbedingt war es nicht möglich, Messungen bei Umsätzen kleiner 20 % und bis nahezu Null durchzuführen. Für die erforderlichen hohen Gesamtvolumenströme war eine vollständige Beladung des Stickstoffvolumenstroms mit Methanol im Sättiger nicht mehr gewährleistet. Die Vermutung, dass die genannten Produkte alle parallel gebildet werden, kann aber mit dem Kohlenwasserstoff-Pool-Mechanismus erklärt werden, bei dem zumindest die parallele Entstehung der C$_2$- bis C$_4$-Olefine beschrieben wird (s. Kapitel 2.4). Bei den C$_5$-Kohlenwasserstoffen bleibt dagegen die Frage offen, woraus diese gebildet werden.

Aussagen über Folgereaktionen der primär gebildeten Produkte sind mit den bisher erhaltenen Messergebnissen so gut wie nicht möglich. Bei der Untersuchung des Temperatureinflusses auf die Produktverteilung konnte lediglich gezeigt werden, dass Crackreaktionen zu Propen ablaufen (s. Kapitel 4.2). Daher muss im Reaktionsnetz ein Reaktionspfad berücksichtigt werden, bei dem Propen aus längerkettigen Kohlenwasserstoffen gebildet wird. Die Ableitung weiterer Reaktionsschritte ist zunächst nur mit Hilfe von Ergebnissen aus der Literatur möglich. Da dort von Methylierungsreaktionen der gebildeten Olefine berichtet wird (s. Kapitel 2.9.2), werden diese auch bei der Ableitung eines Reaktionsnetzes in dieser Arbeit berücksichtigt. Ein Methylierungsschritt von Ethen zu Propen kann dabei aber vermutlich ausgeschlossen werden. Weiterhin finden sich in der Literatur Hinweise, dass Oligomerisierungsreaktionen der Olefine ablaufen (s. Kapitel 2.9.1), so dass auch diese als eventuelle Folgereaktionsschritte in Frage kommen.

Wie bereits in Kapitel 4.1 erwähnt, sollen in dieser Arbeit die Produkte Ethen und Propen sowie die Produktgruppen der C_4-Olefine, der C_5-Kohlenwasserstoffe und der sogenannten höheren Kohlenwasserstoffe berücksichtigt werden. Ein vorläufiges Reaktionsnetz, in dem alle diese Stoffe enthalten sind, ist in Abbildung 5.1 dargestellt. Hierbei sind die durch Messergebnisse bestätigten Reaktionsschritte als schwarze Pfeile gekennzeichnet und die grauen Pfeile zeigen die Reaktionsschritte, welche aufgrund der Literaturdaten angenommen werden können. Zur Validierung bzw. Modifizierung dieses Reaktionsnetzes wurden weitere Messreihen durchgeführt. Dabei sollte überprüft werden, welche Sekundärreaktionen an den verwendeten ZSM-5/AlPO$_4$-Extrudaten und unter den gewählten Reaktionsbedingungen tatsächlich ablaufen.

5.1 Untersuchungen zu Folgereaktionen

Zur besseren Untersuchung der möglichen Sekundärreaktionen wurden zwei Arten von Messreihen durchgeführt. Zum einen wurden die im MTO-Prozess entstehenden Olefine Ethen, Propen und Isobuten jeweils einzeln zudosiert, um deren mögliche Folgereaktionen an den verwendeten ZSM-5-Extrudaten bei den gemessenen Reaktionstemperaturen zu identifizieren. Isobuten wurde verwendet, da es in der Gruppe der C_4-Olefine das Hauptprodukt darstellt (s. Abbildung

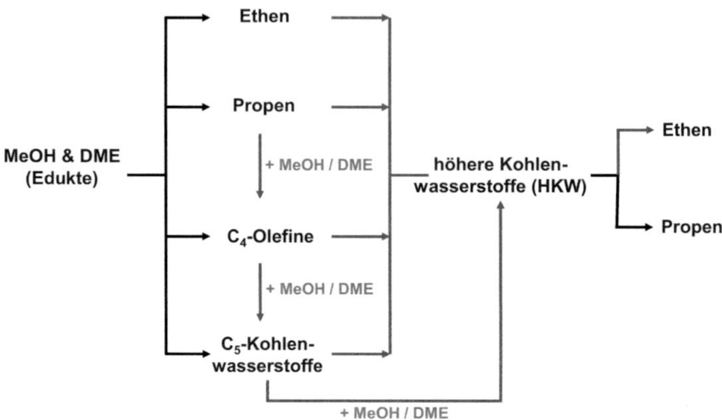

Abbildung 5.1: vorläufiges Reaktionsnetz für den MTO-Prozess an ZSM-5/AlPO$_4$-Extrudaten mit Reaktionspfaden, die durch Messergebnisse bestätigt wurden (schwarze Pfeile) und Reaktionspfaden, die laut Literatur (s. Kapitel 2.9) möglich sind (graue Pfeile)

4.2). Zum anderen wurden die genannten Olefine jeweils zusammen mit Methanol zudosiert und die erhaltenen Selektivitäts-Umsatz-Verläufe wurden mit der entsprechenden Messreihe verglichen, bei der nur Methanol verwendet wurde.

5.1.1 Dosierung von einzelnen Olefinen im Eduktstrom

In Kapitel 2.9 wurde aufgezeigt, dass mit Olefinen im Eduktstrom eine Reihe von möglichen Reaktionen an sauren Zeolithen ablaufen können. Für diese Arbeit ist nun interessant, welche dieser Reaktionen an den verwendeten ZSM-5-Extrudaten und bei den untersuchten Reaktionstemperaturen ablaufen. Die eingestellten Olefinkonzentrationen entsprechen ungefähr den maximalen Konzentrationen, mit denen diese bei den Messungen zum MTO-Prozess erhalten wurden, die in Kapitel 4 beschriebenen wurden. In den folgenden Abschnitten werden die Ergebnisse für Ethen, Propen und Isobuten einzeln vorgestellt.

Ethen im Eduktstrom

Bei der Dosierung von Ethen konnte kein Umsatz gemessen werden, und folglich konnten auch keine Produkte nachgewiesen werden. Ethen zeigt also im untersuchten Temperaturbereich und bei der gewählten Eduktkonzentration keinerlei Aktivität. Da die Eingangskonzentration von Ethen, wie bereits erwähnt, ungefähr der maximalen Konzentration entspricht, mit der Ethen in den Messungen zum MTO-Prozess (s. Kapitel 4) entsteht, kann die Oligomerisierung von Ethen zu längerkettigen Kohlenwasserstoffen als Reaktionspfad im verwendeten Reaktionsnetz ausgeschlossen werden.

Propen im Eduktstrom

Propen wurde im Gegensatz zu Ethen an den eingesetzen ZSM-5-Extrudaten umgesetzt. Der Umsatz an Propen als Funktion der $WHSV_{Propen}$ ist in Abbildung 5.2 bei den gemessenen Reaktionstemperaturen dargestellt. Hier fällt zunächst auf, dass auch bei sehr geringer $WHSV_{Propen}$ kein Vollumsatz von Propen erreicht wurde. Bei einer Reaktionstemperatur von 400 °C lag der maximale Umsatz bei ca. 70 %. Außerdem ist zu erkennen, dass der Umsatz mit steigender Reaktionstemperatur abnimmt. Dies ist normalerweise so nicht zu erwarten, da bei exothermen Reaktionen der Umsatz einer Spezies durch die Erhöhung der Reaktionstemperatur gesteigert wird. In diesem Fall liegt die Erklärung darin, dass Propen bei der Reaktion an ZSM-5 nicht nur Edukt, sondern auch Produkt ist. Wie in der Literatur bereits berichtet wurde, führen Oligomerisierungsreaktionen von Propen zur Bildung von längerkettigen Kohlenwasserstoffen, die im weiteren Reaktionsverlauf wiederum zu Propen gespalten werden (s. Kapitel 2.9.1). Die Aktivierungsenergie für die Crackreaktionen ist viel größer als die Aktivierungsenergie für die Oligomerisierung von Propen. Deshalb werden die Crackreaktionen durch die Erhöhung der Reaktionstemperatur stärker beschleunigt als die Oligomerisierung, wodurch vermehrt Propen gebildet wird. Der integral über den Reaktor bestimmte Propenumsatz ist also bei höheren Temperaturen kleiner,

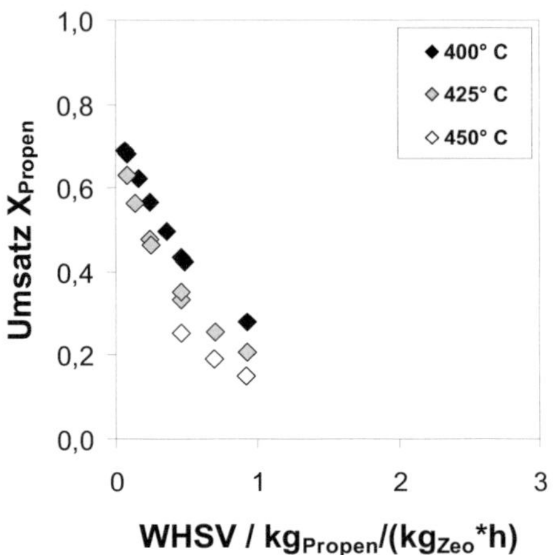

Abbildung 5.2: Umsatzverlauf von Propen als Funktion der WHSV$_{Propen}$ bei verschiedenen Reaktionstemperaturen

obwohl das ursprünglich zudosierte Propen höchstwahrscheinlich vollständig abreagiert ist.

Eine Aussage über Reaktionspfade der Umsetzung von Propen ist genauso schwierig wie bei der Umsetzung von Methanol. In Abbildung 5.3 sind die gemessenen Selektivitäten zu Ethen, den C_4-Olefinen, den C_5-Kohlenwasserstoffen und den höheren Kohlenwasserstoffen abgebildet. Die Selektivität zu den C_4-Olefinen durchläuft dabei ein Maximum (s. Abbildung 5.3b), was vermuten lässt, dass es sich dabei um Zwischenprodukte handelt. Da die Extrapolation des Kurvenverlaufs in Richtung kleiner Propenumsätze darauf hin deutet, dass die Reaktorselektivität $^R S_{C_4-Olefine}$ sehr kleine Werte annimmt, werden vermutlich nur sehr geringe Mengen an C_4-Olefinen direkt aus Propen gebildet. Eine mögliche Reaktion könnte die in Gleichung 5.3 dargestellte Disproportionierung von Propen sein. Damit wäre auch zu erklären, dass Ethen schon bei kleinen Propenumsätzen im Produktspektrum vorhanden ist (s. Abbildung 5.3a). Werden die Selektivitäten zu den C_4-Olefinen dagegen in Richtung hoher Propenumsätze extrapoliert, fällt die Reaktorselektivität $^{R}S_{C_4-Olefine}$ auf Null ab. Die C_4-Olefine reagieren also mit zunehmendem Reaktionsfortschritt zu anderen Kohlenwasserstoffen weiter.

$$2\,C_3H_8 \longrightarrow C_2H_4 + C_4H_8 \tag{5.3}$$

Bei den Selektivitäten zu Ethen fällt auf, dass diese mit zunehmendem Propenumsatz ansteigend verlaufen. Dies lässt darauf schließen, dass Ethen aus Folgereaktionen gebildet wird (s. Abbildung 5.3a). Crackreaktionen von höheren Kohlenwasserstoffen zu Ethen wären eine mögliche Erklärung, da die Selektivitäten zu Ethen auch mit steigender Reaktionstemperatur zunehmen.

Die Selektivitäten zu den C_5-Kohlenwasserstoffen haben über den gesamten Umsatzbereich einen nahezu konstanten Verlauf (s. Abbildung 5.3c), weshalb eine Aussage über mögliche Reaktionen schwer möglich ist.

Isobuten im Eduktstrom

Isobuten wird wie Propen an den verwendeten Extrudaten zu verschiedenen Kohlenwasserstoffen umgesetzt. Die gemessenen Selektivitäten zu Ethen, Propen, den übrigen C_4-Olefinen und den C_5-Kohlenwasserstoffen als Funktion des Isobutenumsatzes sind in Abbildung 5.4 dargestellt. Im Bereich von Isobutenumsätzen bis zu 60 % fallen zunächst die anderen C_4-Olefine als Hauptprodukte an (s. Abbildung 5.4c). Daher soll deren Verlauf zunächst genauer betrachtet werden. In Abbildung 5.5 sind die Verläufe von trans-2-Buten und cis-2-Buten sowie von 1-Buten dargestellt. Eine Extrapolation der gemessenen Verläufe hin zu kleinen Isobutenumsätzen zeigt, dass hauptsächlich trans-2-Buten und cis-2-Buten vorliegen, wobei die Selektivitäten mit zunehmender Reaktortemperatur steigen. Isobuten scheint also zunächst durch Isomeriserung zu den beiden Stoffen zu reagieren. 1-Buten wird dagegen erst im mittleren Umsatzbereich zwischen 30 % und 80 % gebildet, und die Selektivität durchläuft ein Maximum bei ca. 50 % Umsatz (s. Abbildung 5.5c). Dieses Isomer ist somit ein Zwischen-

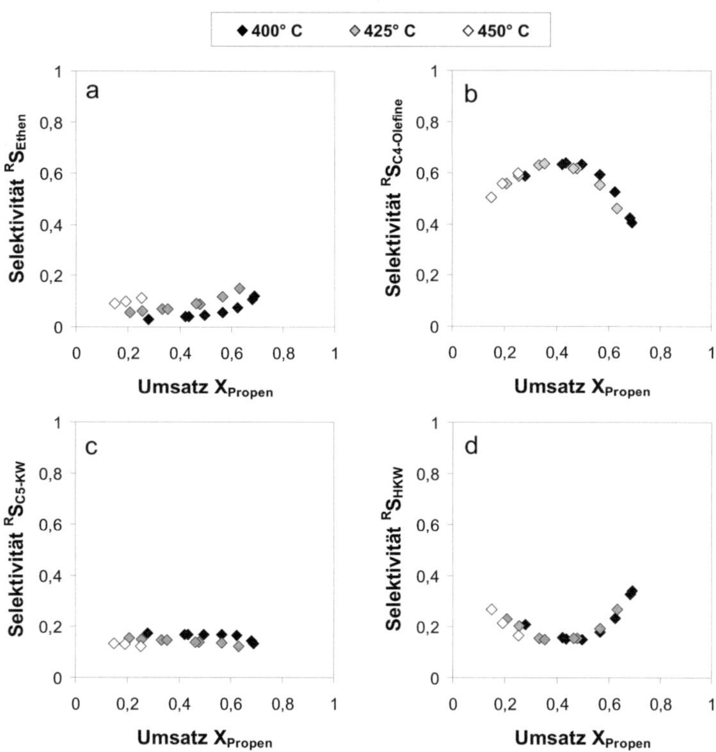

Abbildung 5.3: Einfluss der Reaktionstemperatur auf die Selektivitätsverläufe von (a) Ethen, (b) den C_4-Olefinen, (c) den C_5-Kohlenwasserstoffe und (d) den höheren Kohlenwasserstoffe (HKW) bei der Umsetzung von Propen an ZSM-5/AlPO$_4$-Extrudaten

produkt, welches nicht direkt aus Isobuten gebildet wird. Mit steigendem Isobutenumsatz nehmen die Selektivitäten zu den C_4-Olefinen dann ab und fallen in Richtung Vollumsatz auf einen Wert von $^RS_{C_4-Olefine} = 0$. Das bedeutet, mit zunehmendem Reaktionsfortschritt reagieren alle C_4-Olefine vollständig ab (s. Abbildung 5.4c). Die Selektivitäten zu trans-2- und cis-2-Buten verlaufen dabei über den gesamten Isobutenumsatz nahezu identisch (s. Abbildung 5.5a und b). Es scheint so, dass die beiden Isomere in einem Gleichgewicht vorliegen, so dass nicht bestimmt werden kann, welches der Isomere schneller abreagiert bzw. welche Produkte aus den einzelnen Isomeren gebildet werden.

Propen und die C_5-Kohlenwasserstoffe sind weitere Produkte bei der Umsetzung von Isobuten (s. Abbildung 5.4b und d). Beide scheinen bei kleinen Umsätzen direkt aus Isobuten gebildet zu werden, vor allem bei niedrigeren Reaktionstemperaturen. Hierfür kann die in Gleichung 5.4 dargestellte Disproportionierung von Isobuten in Frage kommen.

$$2\,C_4H_8 \longrightarrow C_3H_6 + C_5H_8 \tag{5.4}$$

Bei Isobutenumsätzen größer 60 % steigt die Selektivtät zu Propen dann stark an, und es werden bei den höheren Temperaturen höhere Selektivitäten als bei den niedrigeren Temperaturen gemessen. Da Crackreaktionen von längerkettigen Kohlenwasserstoffen zu Propen durch hohe Reaktionstemperaturen begünstigt werden, ist der Anstieg der Selektivität in diesem Umsatzbereich dadurch zu erklären. Die Selektivitäten zu den C_5-Kohlenwasserstoffen durchlaufen dagegen ein Maximum bei einem Umsatz von ca. 60 %. Zu größeren Isobutenumsätzen hin sinken die Werte dann wieder, was darauf schließen lässt, dass die C_5-Kohlenwasserstoffe abreagieren.

Das Produkt Ethen wird erst ab Umsätzen von ca. 50 % gemessen, und der zu höheren Umsätzen hin ansteigende Selektivitätsverlauf deutet darauf hin, dass es sich um ein Folgeprodukt handelt (s. Abbildung 5.4a). Da die Selektivitäten mit steigender Temperatur zunehmen, kann davon ausgegangen werden, dass Ethen durch Crackreaktionen von längerkettigen Kohlenwasserstoffen gebildet wird.

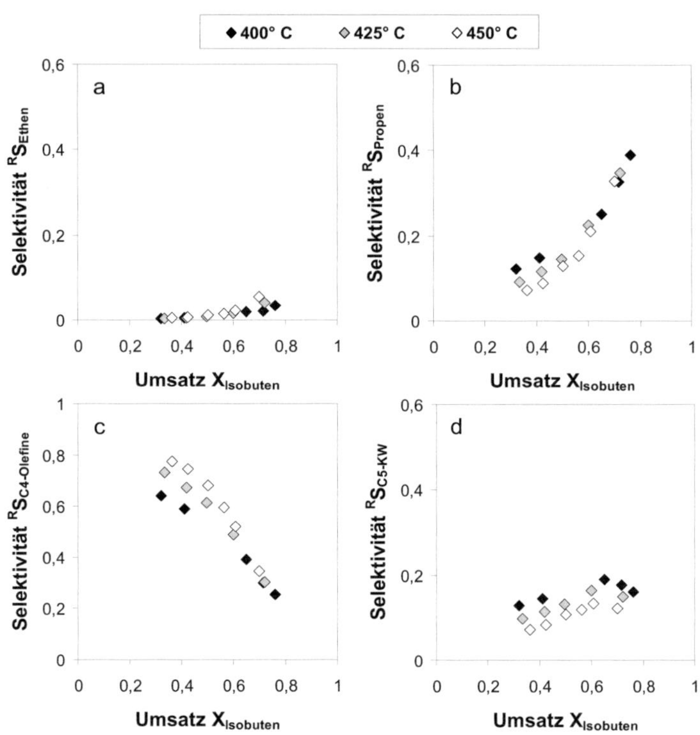

Abbildung 5.4: Einfluss der Reaktionstemperatur auf die Selektivitätsverläufe von (a) Ethen, (b) Propen, (c) den C_4-Olefinen (ohne Isobuten), (d) den C_5-Kohlenwasserstoffen und (e) den höheren Kohlenwasserstoffen (HKW) bei der Umsetzung von Isobuten an ZSM-5/AlPO$_4$-Extrudaten

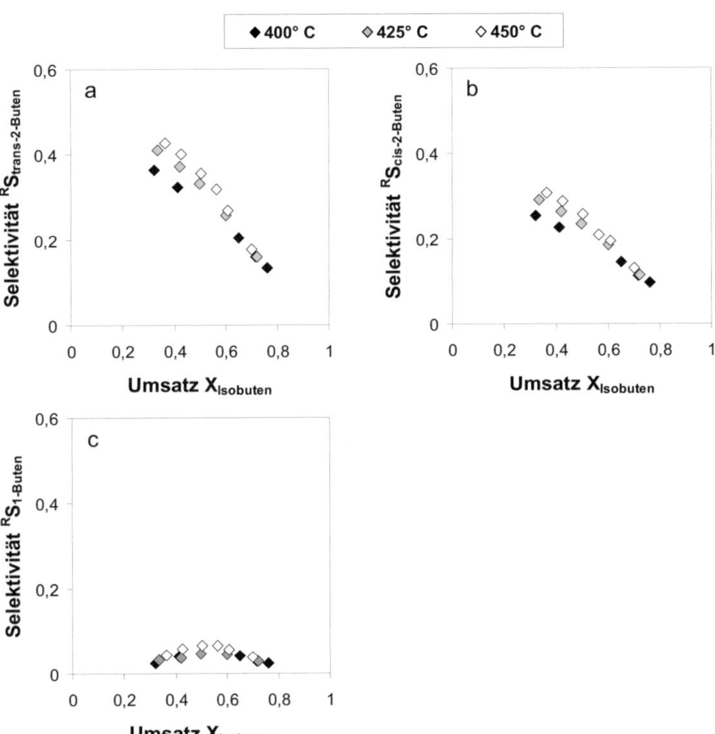

Abbildung 5.5: Selektivitätsverläufe von (a) trans-2-Buten, (b) cis-2-Buten und (c) 1-Buten bei der Umsetzung von Isobuten an ZSM-5/AlPO$_4$-Extrudaten im betrachteten Temperaturbereich (400 °C−450 °C)

Fazit

Zusammenfassend lässt sich sagen, dass Ethen unter den gemessenen Prozessbedingungen inaktiv ist, womit ein Reaktionspfad von Ethen zu höheren Kohlenwasserstoffen durch Oligomerisierung ausgeschlossen werden kann. Dagegen finden Oligomerisierungsreaktionen von Propen und Isobuten bzw. den übrigen C_4-Olefinen zu höheren Kohlenwasserstoffen statt. Auch konnten Isomerisierungsreaktionen der C_4-Olefine nachgewiesen werden. Außerdem scheint neben Propen auch Ethen über Crackreaktionen gebildet zu werden.

5.1.2 Dosierung von Olefinen zusammen mit Methanol

Mit den hier vorgestellten Messreihen sollte untersucht werden, ob die im vorherigen Kapitel beobachteten Folgereaktionen der Olefine auch in Anwesenheit von Methanol stattfinden und welchen Einfluss Methylierungsreaktionen beim Reaktionsablauf haben. Die Methanolkonzentration nach dem Sättiger betrug 21,5 Vol-%. Durch die Zudosierung des jeweiligen Olefins kommt es zu einer Verringerung der Methanol- bzw. DME-Konzentration am Reaktoreingang, da sich der Gesamtvolumenstrom vergrößert. Die Abnahme der Konzentrationen beträgt bei der Zugabe von Ethen ca. 7 %, von Propen ca. 3 % und von Isobuten ca. 15 %. Die genauen Werte sind im Anhang in Kapitel 9.2.3 aufgelistet. Bei der Diskussion der Ergebnisse muss diese Konzentrationsverringerung mitberücksichtigt werden. Die Olefinkonzentrationen am Eingang in das Reaktorsystem waren mit den in Kapitel 5.1.1 beschriebenen Messreihen identisch. Die Reaktionstemperatur wurde wieder zwischen 400 °C und 450 °C variiert. Die aus diesen Messungen erhaltenen Verläufe der Selektivitäten als Funktion des Eduktumsatzes $X_{MeOH/DME}$ wurden mit den Messergebnissen aus Kapitel 4 verglichen, bei denen nur Methanol im Eduktstrom vorhanden war.

Methanol und Ethen im Eduktstrom

Die Selektivitätsverläufe von Ethen, Propen, der C_4-Olefine und C_5-Kohlenwasserstoffe als Funktion des Eduktumsatzes $X_{MeOH/DME}$ sind in Abbildung 5.6 beispielhaft für eine Reaktionstemperatur von 400 °C dargestellt. Es wird deutlich, dass sich die Messreihen mit und ohne Zudosierung von Ethen kaum unterscheiden. Auch bei den anderen Reaktionstemperaturen werden ähnliche Ergebnisse erhalten (s. Anhang, Kapitel 9.8). Die Selektivitätsverläufe der C_4-Olefine und C_5-Kohlenwasserstoffe sind nahezu identisch, und bei Propen und Ethen kommt es zu einer geringfügigen Verringerung der Selektivitäten durch die Zudosierung von Ethen. Die Verringerung der Ethenselektivität kann durch die bereits angesprochene Verringerung der Edukteingangskonzentrationen, die durch die Zudosierung des Ethenvolumenstroms zustande kommt, erklärt werden (vgl. Kapitel 4.3, Abbildung 4.7a). Die anderen Selektivitätsverläufe deuten darauf hin, dass eine Methylierung von Ethen nicht stattfindet, da ansonsten erhöhte Selektivitäten zu Propen und den längerkettigen Olefinen gemessen werden müssten. In der Literatur wurde beschrieben, dass die Methylierung von Ethen nur bei sehr geringen Methanolumsätzen stattfindet und in Anwesenheit von anderen Kohlenwasserstoffen unterdrückt wird (s. Kapitel 2.9.2). Da es anlagenbedingt nicht möglich war Umsätze unter 20 % zu messen, konnte diese Beobachtung bei den hier durchgeführten Messungen nicht bestätigt werden.

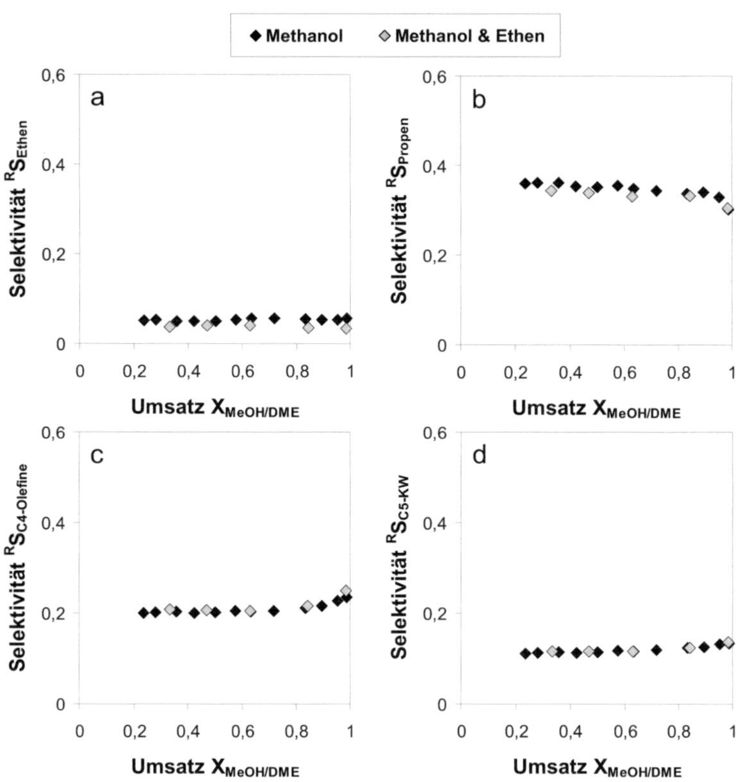

Abbildung 5.6: Selektivitäten zu (a) Ethen, (b) Propen, (c) den C_4-Olefinen und (d) den C_5-Kohlenwasserstoffen bei der Dosierung von Methanol zusammen mit Ethen (graue Messpunkte) und bei der Dosierung von ausschließlich Methanol (schwarze Messpunkte). Die Reaktionstemperatur betrug 400 °C, die Methanolkonzentration nach dem Sättiger-Kondensator-System hatte einen Wert von 21,5 Vol-% und die Ethenkonzentration vor dem Reaktorsystem betrug 0,2 mol/m^3.

Methanol und Propen im Eduktstrom

Die Verläufe der Selektivitäten zu Ethen, den C_4-Olefinen und den C_5-Kohlenwasserstoffen bei der gemeinsamen Dosierung von Propen und Methanol sind in Abbildung 5.7 beispielhaft für eine Reaktionstemperatur von 400 °C dargestellt. Die Selektivitäten zu den C_4-Olefinen und den C_5-Kohlenwasserstoffen sind im Vergleich zu der Messreihe mit Methanol als einzigem Edukt über den gesamten Umsatzbereich deutlich erhöht (s. Abbildung 5.7b und c). Dies spricht dafür, dass eine Methylierung von Propen und den C_4-Olefinen abläuft. Diese Ergebnisse waren so zu erwarten, da auch in der Literatur von Methylierungen berichtet wurde (s. Kapitel 2.9.2) und diese auch im „dual-cycle"-Mechanismus eine entscheidende Rolle spielen (s. Kapitel 2.5).

Da durch die Zudosierung von Propen die Bildung von längerkettigen Olefinen zunimmt, ist es denkbar, dass bei einer Erhöhung der Reaktionstemperatur auch vermehrt Crackreaktionen hin zu kurzkettigen Olefinen ablaufen. In Kapitel 5.1.1 konnte gezeigt werden, dass Ethen ein mögliches Crackprodukt sein kann. In diesem Fall sind die beiden gemessenen Selektivitätsverläufe von Ethen aber nahezu identisch (s. Abbildung 5.7a), was daraufhin deutet, dass Ethen bei den gewählten Prozessbedingungen der MTO-Reaktion kein Crackprodukt ist. Diese Beobachtung stimmt mit dem „dual-cycle"-Mechanismus überein, bei dem Ethen über einen eigenen Reaktionszyklus durch die Methylierung von Aromaten gebildet wird (s. Kapitel 2.5).

Bei den anderen Reaktionstemperaturen wurden ähnliche Ergebnisse erhalten, die im Anhang in Kapitel 9.8 zu finden sind.

Methanol und Isobuten im Eduktstrom

Abbildung 5.8 zeigt den Verlauf des Methanol/DME-Summenumsatzes als Funktion der $WHSV_{MeOH}$ bei Messreihen mit Methanol und verschiedenen Mengen an Isobuten im Eduktstrom. Es fällt auf, dass die Zudosierung von Isobuten mit einer Konzentration von 0,2 mol/m^3 der Umsatz geringer ist als unter Abwe-

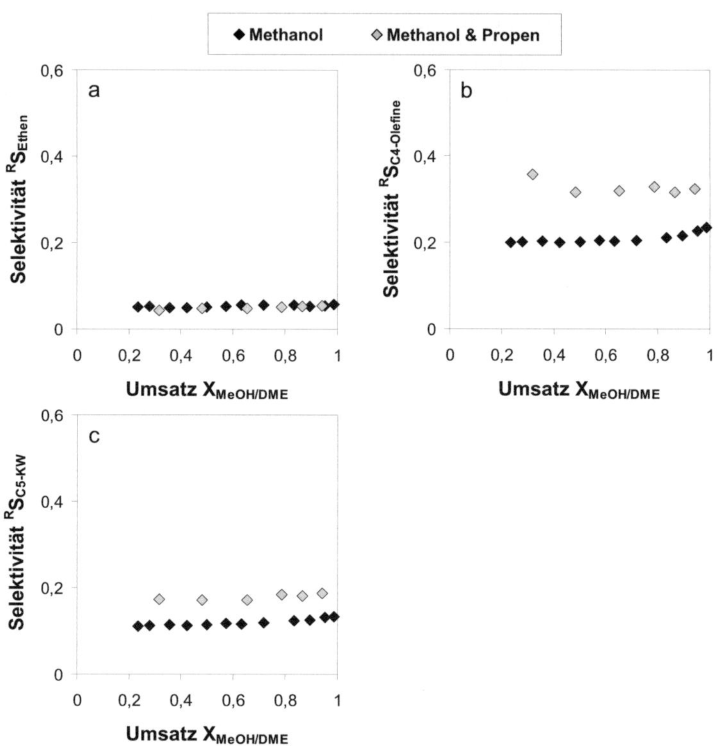

Abbildung 5.7: Selektivitäten zu (a) Ethen, (b) den C_4-Olefinen und (c) den C_5-Kohlenwasserstoffen bei der Dosierung von Methanol zusammen mit Propen (graue Messpunkte) und bei der Dosierung von ausschließlich Methanol (schwarze Messpunkte). Die Reaktionstemperatur betrug 400 °C, die Methanolkonzentration nach dem Sättiger-Kondensator-System hatte einen Wert von 21,5 Vol-% und die Propenkonzentration vor dem Reaktorsystem betrug 0,8 mol/m³.

senheit von Isobuten. Dieser Umsatzrückgang kann jedoch auf die Verringerung der Methanol- und DME-Konzentration durch die Zudosierung des Isobutenvolumenstroms zurückgeführt werden (s. Anhang, Kapitel 9.2.3). Ähnliche Ergebnisse wurden bei den anderen beiden Reaktionstemperaturen erhalten (s. Anhang, Kapitel 9.8).

In Abbildung 5.9 sind die Verläufe der Selektivitäten in Abhängigkeit vom Eduktumsatz $X_{MeOH/DME}$ bei einer Reaktionstemperatur von 425 °C dargestellt. Die Selektivitäten zu Propen und den C_5-Kohlenwasserstoffen werden bei Anwesenheit von Isobuten im Zulauf leicht gesteigert, während die Selektivitäten zu Ethen und den C_4-Olefinen nicht beeinflusst werden. Für die beiden anderen Reaktionstemperaturen wurden ebenfalls ähnliche Ergebnisse erhalten (s. Anhang, Kapitel 9.8).

Bei Propen kann es mehrere Gründe für die höheren Selektivitäten geben: Zum einen kann die Verringerung der Methanol- und DME-Eingangskonzentration am MTO-Reaktor zu höheren Selektivitäten führen, wie in Kapitel 4.3 gezeigt wurde. Zum anderen kann Propen vermehrt über Crackreaktionen entstehen. Denn durch das zudosierte Isobuten wird die Anzahl an längerkettigen Kohlenwasserstoffen erhöht, die dann wiederum gecrackt werden.

Des Weiteren kann vor allem im Bereich kleiner bis mittlerer Umsätze die Disproportionierung von Isobuten zu Propen und einem C_5-Olefine stattfinden (s. Kapitel 5.1.1, Gleichung 5.4). Dadurch lässt sich auch erklären, dass die Selektivitäten zu den C_5-Kohlenwasserstoffen in diesem Umsatzbereich stärker erhöht ist. Über den wahren Grund für die Erhöhung der Propenselektivität kann mit der vorhandenen Analytik jedoch nur spekuliert werden. Denkbar ist, dass alle drei Möglichkeiten dazu beitragen.

Im Gegensatz dazu kann bei den C_5-Kohlenwasserstoffen die Verringerung der Methanol- und DME-Konzentrationen nicht für die Selektivitätssteigerung verantwortlich sein, da bei den in Kapitel 4.3 durchgeführten Messungen kein Einfluss der Methanoleingangskonzentration auf die Selektivität zu den C_5-Kohlenwasserstoffen gemessen wurde. Die Erhöhung der Selektivität erfolgt also eher

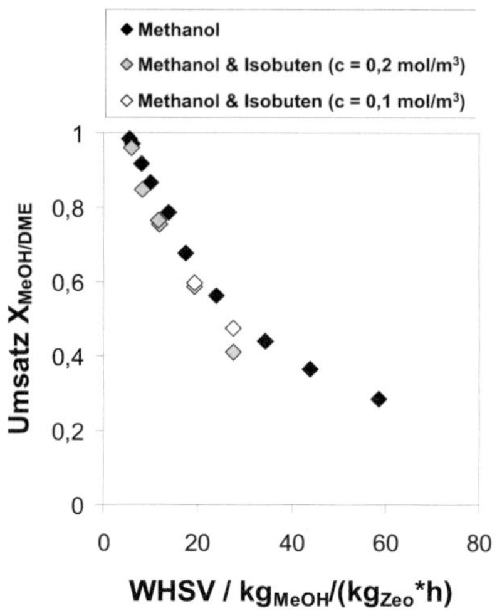

Abbildung 5.8: Umsatzverlauf von Methanol/DME als Funktion der $WHSV_{MeOH}$ bei der Dosierung von Isobuten mit Methanol und bei der Dosierung von ausschließlich Methanol (schwarze Messpunkte). Die Reaktionstemperatur betrug 450 °C, die Methanolkonzentration nach dem Sättiger-Kondensator-System hatte einen Wert von 21,5 Vol-% und die Propenkonzentration vor dem Reaktorsystem betrug 0,1 mol/m³ (weiße Messpunkte) bzw. 0,2 mol/m³ (graue Messpunkte).

durch die Methylierung von Isobuten oder von dessen Isomeren. Wie oben beschrieben könnte auch noch die Disproportionierung von Isobuten eine Rolle spielen.

Da die Selektivitäten zu Ethen nicht erhöht sind, können Crackreaktionen zu Ethen ausgeschlossen werden, wie schon bei der Dosierung von Methanol und Propen.

Fazit

Die erhaltenen Ergebnisse bei der gleichzeitigen Dosierung von Methanol und einem spezifischen Olefin unterscheiden sich von den Ergebnissen bei der alleini-

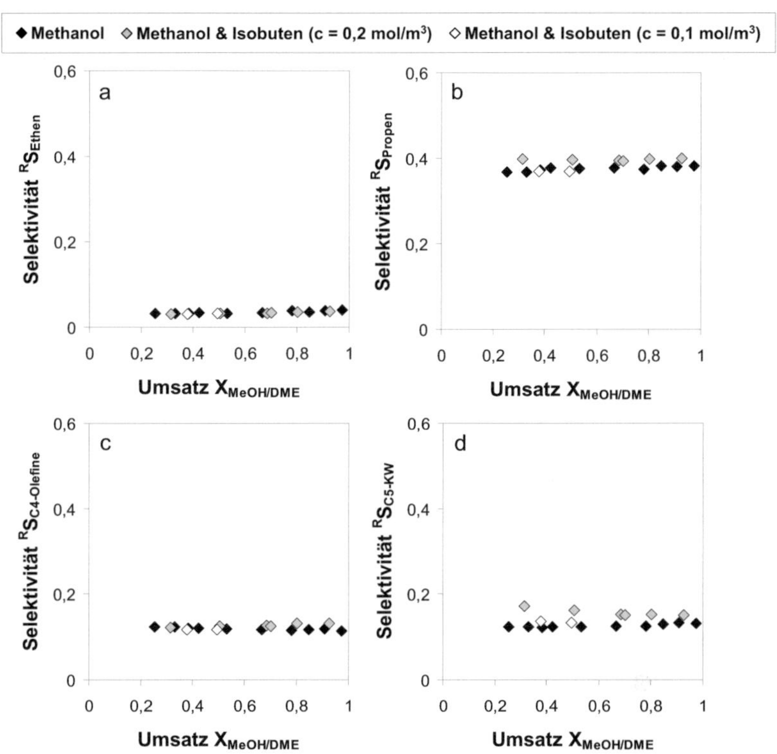

Abbildung 5.9: Selektivitäten zu (a) Ethen, (b) Propen, (c) den C_4-Olefinen (ohne Isobuten) und (d) den C_5-Kohlenwasserstoffen bei der Dosierung von Methanol zusammen mit Isobuten und bei der Dosierung von ausschließlich Methanol (schwarze Messpunkte). Die Reaktionstemperatur betrug 425 °C, die Methanolkonzentration nach dem Sättiger-Kondensator-System hatte einen Wert von 21,5 Vol-% und die Propenkonzentration vor dem Reaktorsystem betrug 0,1 mol/m³ (weiße Messpunkte) und 0,2 mol/m³ (graue Messpunkte).

gen Dosierung des jeweiligen Olefins. In Anwesenheit von Methanol bzw. DME spielen hauptsächlich Methylierungsreaktionen der Olefine eine Rolle. Oligomerisierungsreaktionen der Olefine konnten nicht direkt nachgewiesen werden. Es konnte außerdem gezeigt werden, dass Ethen nicht methyliert wird. Dieses Ergebnis stimmt gut mit dem von Bjørgen *et al.* [34] vorgeschlagenen „dual-cycle"-Mechanismus überein (s. Kapitel 2.5).

5.2 Ableitung eines Reaktionsnetzes

Eine Vorbedingung für die formalkinetische Beschreibung des MTO-Prozesses an den neuartigen ZSM-5/AlPO$_4$-Extrudaten ist die Ableitung eines schlüssigen Reaktionsnetzes. Das Bestreben dieser Arbeit war es, dabei nur die unter relevanten Reaktionsbedingungen nachweisbaren und wichtigen Produkte und Reaktionspfade zu implementieren, damit die Zahl der Anpassungsparameter möglichst gering ist. Durch die zusätzlich durchgeführten Messungen sollte das in Abbildung 5.1 gezeigte vorläufige Reaktionsnetz validiert bzw. weiter modifiziert werden. Obwohl auch bei diesen Messungen klar wurde, dass beim MTO-Prozess viele komplexe Reaktionen gleichzeitig ablaufen, konnten einige grundsätzliche Dinge für das Reaktionsnetz festgestellt werden. So müssen zwar Methylierungsreaktionen der Olefine berücksichtigt werden, nicht aber solche von Ethen zu höheren Olefinen.

Die Oligomerisierung von Ethen konnte im untersuchten Temperaturbereich sogar komplett ausgeschlossen werden. Auch für das Ablaufen von Crackreaktionen längerkettiger Olefine zu Ethen konnte kein Hinweis gefunden werden. Daher wurde kein Reaktionspfad von Ethen zur Stoffgruppe der höheren Kohlenwasserstoffe und umgekehrt im verbesserten Reaktionsnetz vorgesehen.

Für die restlichen Olefine scheinen die Oligomerisierungsreaktionen auch eher eine untergeordnete Rolle zu spielen, zumindest solange noch Edukte im Reaktionsgemisch vorhanden sind, mit denen Methylierungsreaktionen möglich sind. Daher wurde das Reaktionsnetz in Anlehnung an den „dual-cycle"-Mechanismus

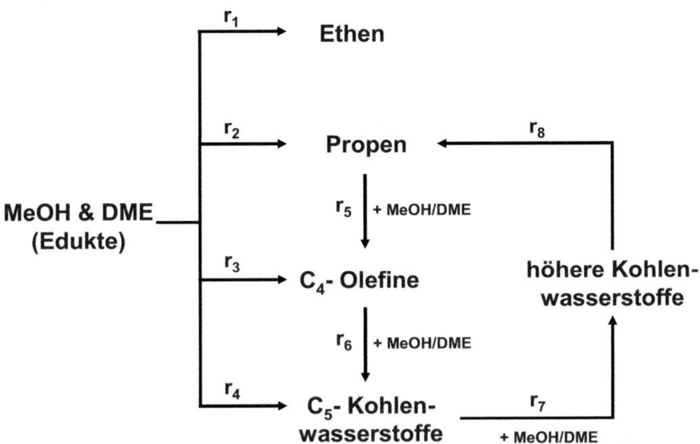

Abbildung 5.10: vereinfachtes Reaktionsnetz für die Modellierung der Reaktionskinetik des MTO-Prozesses an ZSM-5/AlPO$_4$-Extrudaten

verändert (s. Kapitel 2.5), bei dem ausgehend von Propen ein Kreislauf aus Methylierungs- und Crackreaktionen stattfindet. Reaktionspfade von Propen und den C$_4$-Olefinen zur Stoffgruppe der höheren Kohlenwasserstoffe, die Oligomerisierungsprodukte darstellen, wurden nicht berücksichtigt.

Das vereinfachte Reaktionsnetz ist in Abbildung 5.10 dargestellt und besteht aus 8 Reaktionspfaden, die sich wie folgt zusammensetzen:

- Reaktionspfade 1 bis 4: Bildung der C$_2$- bis C$_4$-Olefine und der C$_5$-Kohlenwasserstoffe direkt aus den Edukten Methanol bzw. DME

- Reaktionspfade 5 bis 7: Methylierungsreaktionen, ausgehend von Propen bis zur Gruppe der höheren Kohlenwasserstoffe

- Reaktionspfad 8: Bildung von Propen über Crackreaktionen

Im Vergleich zu den meisten in der Literatur vorgeschlagenen Reaktionsnetzen (s. Kapitel 2.8) werden hier die kurzkettigen C$_2$- bis C$_4$-Olefine sowie die

C_5-Kohlenwasserstoffe einzeln berücksichtigt und nicht zu einer einzigen Stoffgruppe zusammengefasst. Dies war wichtig, da es sich hierbei zum einen um die Hauptprodukte der Methanolumsetzung zu Kohlenwasserstoffen bei den betrachteten Prozessbedingungen handelt und zum anderen diese sich, wie beispielsweise Ethen und Propen, bei der Variation der Prozessbedingungen unterschiedlich verhalten. Ähnlichkeiten hat das Reaktionsnetz mit dem von Schoenfelder *et al.* [65] vorgeschlagenen Netz. Dort wird jedoch nur Ethen direkt aus den Edukten gebildet und Crackreaktionen zu Propen werden nicht berücksichtigt.

6 Modellierung der Reaktionskinetik

6.1 Vorgehen und Methoden

Für die Modellierung wird der Verlauf der Konzentrationen der Edukte und Produkte als Funktion der modifizierten Verweilzeit verwendet. Die modifizierte Verweilzeit t_{mod} wird definiert als das Verhältnis zwischen der eingesetzter Zeolithmasse und dem Gesamtvolumenstrom bei Reaktionsbedingungen:

$$t_{mod} = \frac{m_{Zeolith}}{\dot{V}\left(p, T_R\right)} \tag{6.1}$$

Die Edukt- und Produktkonzentrationen werden dabei mit Hilfe der gemessenen Stoffmengenströme (Berechnung s. Kapitel 3.2.3) und des Gesamtvolumenstroms bei Reaktionsbedingungen bestimmt:

$$c_i = \frac{\dot{n}_i}{\dot{V}\left(p, T_R\right)} \tag{6.2}$$

Bei der Stoffgruppe der höheren Kohlenwasserstoffe ist der Stoffmengenstrom, der zur Berechnung der Konzentration benötigt wird, unbekannt. Die Berechnung des Stoffmengenstroms $\dot{n}_{C,HKW}$ erfolgt nach Gleichung 6.3 mit Hilfe der Reaktorselektivität $^{R}S_{HKW}$ (s. Kapitel 4.1, Gleichung 4.1). Dabei handelt es sich um den Stoffmengenstrom an Kohlenstoff in Form von C_1 in der Gruppe der höheren Kohlenwasserstoffe. Die Stoffgruppe der höheren Kohlenwasserstoffe enthält Moleküle mit einer Kohlenstoffanzahl zwischen C_6 und vermutlich bis zu

C_{10}, der maximal möglichen Kohlenstoffanzahl der Moleküle, die bei ZSM-5-Katalysatoren in die Gasphase diffundieren können (s. Kapitel 2.2.3 und Kapitel 4.1). Bei der Berechnung der Konzentration an höheren Kohlenwasserstoffen c_{HKW} wurde die Stoffmenge auf eine mittlere Kohlenstoffanzahl von 7 C-Atomen bezogen (s. Gleichung 6.4), da anhand der gemessenen Chromatogramme tendeziell abzulesen war, dass die Stoffmenge mit steigender Kohlenstoffanzahl abnimmt (s. Kapitel 4.1).

$$\dot{n}_{C,HKW} = {}^{R}S_{HKW} \cdot [z_{C,MeOH} \cdot (\dot{n}_{MeOH,0} - \dot{n}_{MeOH}) - z_{C,DME} \cdot \dot{n}_{DME}] \quad (6.3)$$

$$c_{HKW} = \frac{\dot{n}_{C,HKW}}{7 \cdot \dot{V}(p, T_R)} \quad (6.4)$$

Im MTO-Prozess kommt es aufgrund der ablaufenden Reaktionen zu einer Änderung des Gesamtvolumenstroms. Neben dem jeweils entstehenden Kohlenwasserstoff wird pro umgesetzten Molekül Methanol bzw. DME ein Molekül Wasser gebildet (s. Gleichung 6.5 und 6.6). Dadurch kommt es zu einer Zunahme des Volumenstroms, wobei diese umso größer ist, je kürzer das gebildete Kohlenwasserstoffmolekül ist.

$$n\, CH_3OH \longrightarrow C_nH_{2n} + n\, H_2O \quad (6.5)$$

$$n\, H_3C - O - CH_3 \longrightarrow C_{2n}H_{4n} + n\, H_2O \quad (6.6)$$

Diese Änderung musste bei der Berechnung der modifizierten Verweilzeit t_{mod} und der Konzentrationen c_i berücksichtigt werden. Der Gesamtvolumenstrom am Ende der Katalysatorschüttung berechnet sich dabei nach Gleichung 6.7. Für diese Berechnung wird die relative Volumenänderung $\epsilon_{MeOH/DME}$ bei vollständigem Methanol/DME-Summenumsatz $X_{MeOH/DME}$ benötigt. Diese ist dabei nicht nur von der Kettenlänge der jeweils gebildeten Kohlenwasserstoffe, sondern auch von der verwendeten Methanoleingangskonzentration und der Temperatur abhängig. Die berechneten Werte für die relative Volumenänderung sind in Tabelle 6.1 aufgelistet, und die genaue Berechnung ist im Anhang in Kapitel 9.4 zu finden.

$$\dot{V}(p, T_R) = \left(1 + \epsilon_{MeOH/DME} \cdot X_{MeOH/DME}\right) \cdot \dot{V}_0(p, T_R) \tag{6.7}$$

Tabelle 6.1: Werte für die relative Volumenänderung $\epsilon_{MeOH/DME}$ bei vollständigem Summenumsatz an Methanol und DME für die gemessenen Methanoleingangskonzentrationen. Die Berechnung ist im Anhang in Kapitel 9.4 zu finden.

Methanolkonzentration nach dem Kondensator	Reaktionstemperatur	relative Volumenänderung $\epsilon_{MeOH/DME}$
10,3 Vol-%	400 °C	0,027
	425 °C	0,028
	450 °C	0,029
21,5 Vol-%	400 °C	0,055
	425 °C	0,057
	450 °C	0,059
33,7 Vol-%	400 °C	0,084
	425 °C	0,087

6.1.1 Modellierung des Reaktors

Im kinetischen Modell wird von einem Festbettreaktor mit idealem Pfropfstromverhalten (PFR) ausgegangen, der isotherm betrieben wird. Diese Annahme ist für den realen Laborreaktor gerechtfertigt, da die folgenden Bedingungen erfüllt sind:

- Axiale Dispersion kann vernachlässigt werden. Dies wurde über die Berechnung der Bodensteinzahl und durch die Anwendung des Mears-Kriteriums [79] sichergestellt (s. Anhang, Kapitel 9.5).

- Die Randgängigkeit ist vernachlässigbar; der Einsatz von SiC-Partikeln als Füllmaterial in den Hohlräume zwischen den Katalysatorpartikeln gewährleistet, dass $d_R/d_P > 10$ ist.

- Innerhalb der Katalysatorschüttung ist die Temperatur nahezu konstant ($T_R \pm 1\,K$). Dies wurde mit Hilfe eines Thermoelements überprüft (s. Kapitel 3.2.1).

Für den allgemeinen Fall lautet die Stoffbilanz für eine Komponente i in einem differentiellen Volumenelement dV des Reaktors:

$$\frac{\partial c_i}{\partial t} = -div\left(c_i \cdot \vec{u}_0\right) + div\left(D_{i,eff} \cdot grad\ c_i\right) + \sum_j \nu_{i,j} \cdot r_{V,j} \qquad (6.8)$$

Im stationären Zustand eines idealen PFRs sowie durch die Verwendung der massenbezogenen Reaktionsgeschwindigkeit r_j vereinfacht sich die Gleichung zu

$$\frac{\partial c_i}{\partial t_{mod}} = \sum_j \nu_{i,j} \cdot r_j. \qquad (6.9)$$

Durch Integration der in Gleichung 6.9 gezeigten Funktion können die Konzentrationsverläufe über die Länge der Katalysatorschüttung bestimmt werden. Die Reaktionsgeschwindigkeit r_j der Reaktion j ist dabei auf die Zeolithmasse bezogen:

$$r_j = \frac{1}{m_{Zeolith}} \cdot \frac{dn_i}{dt}. \qquad (6.10)$$

6.1.2 Ansätze für die Reaktionsgeschwindigkeiten

Das verwendete Reaktionsnetz (s. Abbildung 5.10) besteht aus acht möglichen Reaktionspfaden. Die dazugehörigen Geschwindigkeitsgesetze wurden in Form von Potenzansätzen gewählt (s. Gleichung 6.11). Diese enthalten, neben der Konzentration des jeweiligen Ausgangsstoffs c_i, den von der Temperatur abhängigen Geschwindigkeitskoeffizienten k_j und die Reaktionsordnung α_k.

$$r_j = k_j \cdot c_i^{\alpha_k} \tag{6.11}$$

Der Geschwindigkeitskoeffizient k_j wurde dabei über die Arrhenius-Gleichung berechnet (s. Gleichung 6.12). Dadurch war es möglich, die Anpassung der kinetischen Parameter für alle Messreihen gleichzeitig durchzuführen, also unabhängig von der jeweiligen Reaktortemperatur T_R.

$$k_j = k_{j,\infty} \cdot \exp\left\{-\frac{E_{A,j}}{R \cdot T_R}\right\} \tag{6.12}$$

Die Modellparameter für die Anpassung waren dementsprechend die Frequenzfaktoren $k_{j,\infty}$, die Aktivierungsenergien $E_{A,j}$ und die Reaktionsordnungen α_k.

Für die Methylierungsreaktionen von Propen, den C_4-Olefinen und den C_5-Kohlenwasserstoffen (Reaktionspfade 5 bis 7 in Abbildung 5.10) wurde der Ansatz für die Reaktionsgeschwindigkeit geringfügig geändert. Neben den Konzentrationen der genannten Stoffe c_i wurde außerdem noch die Konzentration der Edukte c_{Edukte} berücksichtigt (s. Gleichung 6.13). Bei diesen Reaktionspfaden sind die Reaktionsordnungen β_m zusätzliche Parameter für die Modellierung.

$$r_j = k_j \cdot c_i^{\alpha_k} \cdot c_{Edukte}^{\beta_m} \tag{6.13}$$

6.1.3 Anpassung der Modellparameter

Die Anpassung der Parameter wurde mit MATLAB[1] durchgeführt, und ein Schema des Programmablaufs ist in Abbildung 6.1 dargestellt. Die Vorlage für das Programm ist aus der Arbeit von Thömmes [80] entnommen, in der ein kinetisches Modell für die partielle Oxidation von Propen mit Distickstoffoxid entwickelt wurde. Durch das Einsetzen der Geschwindigkeitsgesetze (Gleichung 6.11 bzw. 6.13) in die Stoffbilanz der jeweiligen Komponente (Gleichung 6.9) und unter Berücksichtigung der in Tabelle 6.2 aufgelisteten stöchiometrischen Koeffizienten $\nu_{i,j}$ wird ein Differentialgleichungssystem erhalten, das nach der Auswahl von Startwerten für die Modellparameter mit Hilfe der MATLAB-Funktion *ode23s* über die modifizierte Verweilzeit integriert wurde.

Tabelle 6.2: Stöchiometrische Koeffizienten $\nu_{i,j}$ für die jeweiligen Reaktionen j und Substanzen im vorliegenden Reaktionsnetz aus Abbildung 5.10

Reaktionen j	Edukte	Ethen	Propen	C_4-Olefine	C_5-KW	HKW
r_1	-1	+1	0	0	0	0
r_2	-1	0	+1	0	0	0
r_3	-1	0	0	+1	0	0
r_4	-1	0	0	0	+1	0
r_5	-1	0	-1	+1	0	0
r_6	-1	0	0	-1	+1	0
r_7	-1	0	0	0	-1	+1
r_8	0	0	+1	0	0	-1

Die Parameteranpassung erfolgte durch Variation der Modellparameter mittels der MATLAB-Funktion *lsqnonlin*, bei der die Zielfunktion F (s. Gleichung 6.14) durch einen Subspace-Trust-Region-Algorithmus [81, 82] minimiert wird. Dabei werden für alle Stoffe bzw. Stoffgruppen S in allen durchgeführten Experimenten E die Quadrate der relativen Fehler $e_{i,j}$ zwischen gemessener und berech-

---

[1]MATLAB 7.10 (R2010a), The MathWorks Inc., USA, http://www.mathworks.com

neter Konzentration aufsummiert. Der relative Fehler $e_{i,j}$ für den Stoff bzw. die Stoffgruppe i in Experiment j wird mit Hilfe von Gleichung 6.15 berechnet.

$$F = \sum_{j=1}^{E} \sum_{i=1}^{S} e_{i,j}^2 \tag{6.14}$$

$$e_{i,j} = \left(\frac{c_{i,ber} - c_{i,exp}}{c_{i,exp}} \right)_j \tag{6.15}$$

Zur Auswertung und Bewertung der Anpassung wurde ein mittlerer relativer Fehler f berechnet, der angibt, wie stark eine berechnete Konzentration $c_{i,ber}$ im Mittel von der gemessenen Konzentration $c_{i,exp}$ abweicht (s. Gleichung 6.16).

$$f = \frac{\sum_{j=1}^{E} \sum_{i=1}^{S} |e_{i,j}|}{E \cdot S} \tag{6.16}$$

Mit Hilfe der MATLAB-Funktion *nlparci* wurden die Vertrauensbereiche der bestimmten Modellparameter unter Verwendung eines Konfidenzniveaus von 95 % ermittelt.

6.2 Ergebnisse und Diskussion der Modellierung

In den bisher in der Literatur beschriebenen Modellen sind die Ansätze für die Reaktionsgeschwindigkeit hauptsächlich erster Ordnung, lediglich für die Abreaktion der Olefine finden sich auch Ansätze zweiter Ordnung (s. Kapitel 2.8). Es wurde also bisher davon ausgegangen, dass die Methanoleingangskonzentration keinen Einfluss auf die Reaktionsgeschwindigkeiten hat, oder deren Einfluss wurde nicht bestimmt. Da in dieser Arbeit gezeigt werden konnte, dass die Methanoleingangskonzentration an den eingesetzten Katalysatoren und unter den gewählten Reaktionstemperaturen sehr wohl einen Einfluss auf die Produktver-

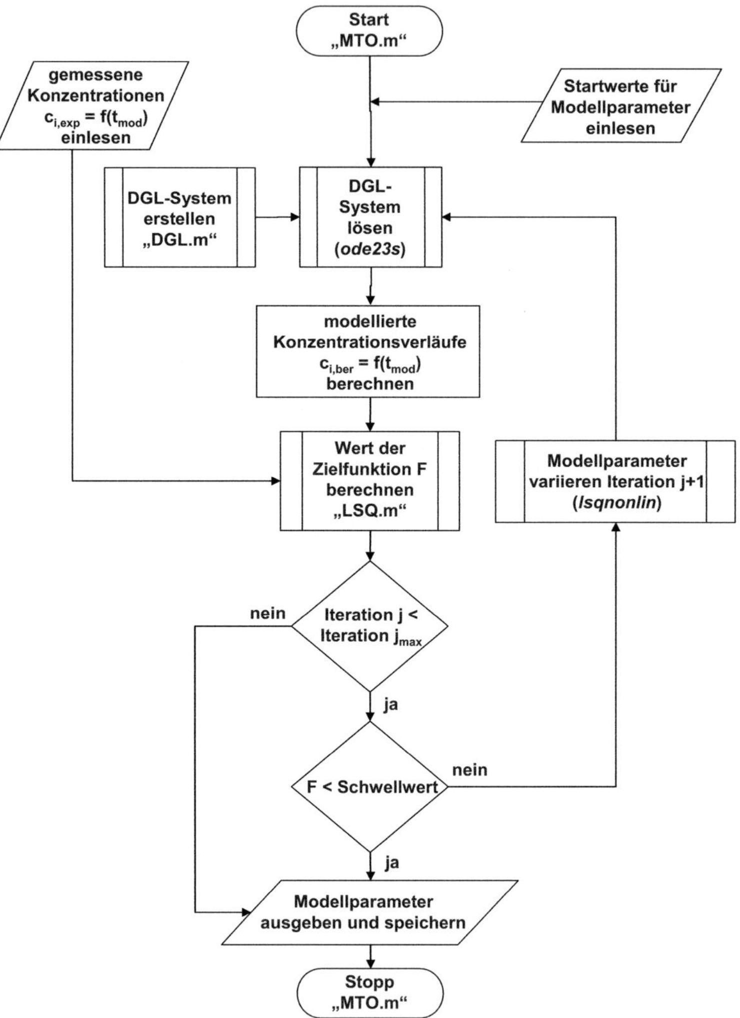

Abbildung 6.1: Schema des Programmablaufs zur Anpassung der kinetischen Modellparameter mit MATLAB. Als Vorlage diente die Arbeit von Thömmes [80].

teilung hat, wurden auch die Reaktionsordnungen bei der Modellierung als variable Parameter angenommen.

Zu Beginn der Entwicklung eines geeigneten kinetischen Modells wurden zunächst alle Modellparameter (s. Abschnitt 6.1.2) gleichzeitig angepasst. Da auf diese Art 27 Parameter gleichzeitig bestimmt wurden, waren die erhaltenen Ergebnisse für die Reaktionsordnungen teilweise physikalisch nicht sinnvoll. Das Programm lieferte nur eine mathematisch sinnvolle Lösung, und trotzdem war die Anpassung der experimentellen Daten unzureichend.

Aus diesem Grund wurden mit Hilfe der Ergebnisse dieser ersten Anpassungen und mit Erkenntnissen aus den durchgeführten Messreihen Ordnungen für die Reaktionsgeschwindigkeiten festgelegt. Damit wurde die Anzahl an Modellparametern auf 16 reduziert. Beispielsweise wurde die Reaktionsordnung von Ethen größer Eins gesetzt (s. Reaktionspfad 1), da die Selektivitäten zu Ethen bei größeren Methanoleingangskonzentrationen steigen. Die verwendeten Reaktionsordnungen α_k und β_m, die für die Ermittlung der Frequenzfaktoren $k_{j,\infty}$ und der Aktivierungsenergien $E_{A,j}$ verwendet wurden, sind in Tabelle 6.3 aufgelistet. In weiteren Anpassungsschritten konnten die Modellparameter $k_{j,\infty}$ und $E_{A,j}$ ermittelt werden; deren Werte sind in Tablle 6.4 aufgelistet. Der mittlere relative Fehler f liegt bei 13,8 %.

Bei der Betrachtung der erhaltenen Aktivierungsenergien fällt auf, dass die Methylierungsreaktionen (r_5 bis r_7 in Abbildung 5.2) relative niedrige Aktivierungsenergien haben ($E_{A,5} - E_{A,7}$ in Tabelle 6.4) und der Reaktionspfad, durch den die Crackreaktionen zu Propen beschrieben werden (r_8 in Abbildung 5.2) die höchste Aktivierungsenergie hat ($E_{A,8}$ in Tabelle 6.4). Dies spiegelt physikalisch richtig wieder, dass Methylierungsreaktionen auch schon bei niedrigen Reaktionstemperaturen eine Rolle spielen, wogegen die Crackreaktionen erst bei hohen Temperaturen ablaufen und viel stärker beschleunigt werden als die Methylierungsreaktionen.

Weiterhin fällt bei der Betrachtung der ermittelten Modellparameter auf, dass die Aktivierungsenergien der Primärreaktionen aus den Edukten ($E_{A,1} - E_{A,4}$

Tabelle 6.3: Für die Anpassung festgelegte Reaktionsordnungen α_k und β_m

Reaktion Nr.	Reaktionsordnung α_k	Reaktionsordnung β_m
1	1,5	-
2	0,8	-
3	0,85	-
4	0,95	-
5	0,75	0,25
6	0,7	0,3
7	0,65	0,35
8	0,7	-

in Tabelle 6.4) mit steigender Kohlenstoffanzahl der Produkte zunehmen. Dies würde bedeuten, dass die Olefine mit den kürzeren Kettenlängen bevorzugt bei niedrigeren Temperaturen gebildet werden. Allerdings muss beachtet werden, dass ein direkter Vergleich zwischen den Reaktionspfaden nicht möglich ist, da die Reaktionsgeschwindigkeiten unterschiedliche Ordnungen haben (s. Tabelle 6.3).

Ein Grund für die relativ hohe Aktivierungsenergie $E_{A,4}$ könnte sein, dass bei der Anpassung der Reaktionspfad für die Bildung der C_5-Kohlenwasserstoffe aus den Edukten (Reaktionspfad 4) stark verlangsamt wird, da dieser in Wirklichkeit nicht abläuft. In Kapitel 5 wurde bereits erwähnt, dass es fraglich ist, ob die C_5-Kohlenwasserstoffe tatsächlich direkt aus den Edukten gebildet werden. Wurde der Reaktionspfad weggelassen, führte dies aber auch nicht zu einer Verbesserung in der Anpassung der experimentellen Werte, so dass er im Modell beibehalten wurde. In diesem Fall wäre eine Trennung zwischen Olefinen und Paraffinen vermutlich sinnvoll, wofür jedoch eine bessere Analytik benötigt wird.

Um einen Eindruck von der Güte der Anpassung zu erhalten, sind in den Abbildungen 6.2 bis 6.4 die Vergleiche zwischen den experimentell ermittelten Konzentrationsverläufen (Symbole) und den über das Modell berechneten Verläufen

(Linien) dargestellt. Durch das Modell ist eine sehr gute Abbildung der Konzentrationsverläufe im Bereich zwischen den kleinen und mittleren modifizierten Verweilzeiten bzw. Eduktumsätzen möglich. In diesem Bereich laufen neben der Bildung von ersten Kohlenwasserstoffen aus den Edukten hauptsächlich Methylierungsreaktionen als Sekundärreaktionen ab. Dies kann durch das verwendete Reaktionsnetz sehr gut abgebildet werden (s. Abbildung 6.5).

Deutlichere Abweichungen zwischen den berechneten und den gemessenen Konzentrationen werden dagegen im Bereich von größeren Verweilzeiten bzw. hohen Eduktumsätzen sichtbar. Dies betrifft insbesondere den berechneten Verlauf von Propen bei der niedrigsten Temperatur (s. Abbildung 6.2c). Die Bildung von Propen über Crackreaktionen wird in diesem Bereich überschätzt. Mechanistisch betrachtet laufen in diesem Verweilzeitbereich hauptsächlich Sekundärreaktionen der primär gebildeten Kohlenwasserstoffe ab, wogegen die Bildung von Kohlenwasserstoffen aus den Edukten sowie die Methylierungsreaktionen aufgrund der abnehmenden Eduktkonzentration immer langsamer werden. Im verwendeten Reaktionsnetz dominiert dann der Reaktionspfad von der Stoffgruppe der höheren Kohlenwasserstoffe zu Propen (s. Abbildung 6.6). Aus diesem Grund steigen die berechneten Konzentration von Propen mit zunehmender Verweilzeit an bei gleichzeitigem Abfall der Konzentration an höheren Kohlenwasserstoffen. Die Konzentrationen der übrigen Produkte (Ethen, C_4-Olefine und C_5-Kohlenwasserstoffe) laufen auf konstante Werte ein.

Bei den in dieser Arbeit durchgeführten Messungen zur Ableitung des Reaktionsnetzes konnte bereits gezeigt werden, dass ein deutlicher Unterschied in der Produktverteilung besteht, je nachdem ob Olefine zusammen mit Methanol oder alleine im Eduktstrom vorliegen (s. Kapitel 5.1.1 und 5.1.2). Sobald also nur noch sehr wenig bzw. gar kein Methanol und DME mehr im Reaktionsgemisch vorhanden ist, spielen ganz andere Reaktionen eine Rolle, als in Anwesenheit der beiden Edukte.

Aus diesem Grund wurde auch versucht, weitere Sekundärreaktionen im Modell zu berücksichtigen. In Abbildung 6.7 ist ein erweitertes Reaktionsnetz abgebildet, bei dem drei zusätzliche Reaktionspfade hinzugefügt wurden. Diese sollen Oligomerisierungsreaktionen von Propen, den C_4-Olefinen und den C_5-Kohlenwasserstoffen darstellen (Reaktionen r_9 bis r_{11}). Eine Verbesserung in der Abbildung der gemessenen Konzentrationsverläufe konnte durch diese Veränderung jedoch nicht erreicht werden, obwohl noch weitere zusätzliche Modellparameter ($k_{9,\infty} - k_{11,\infty}$, $E_{A,9} - E_{A,11}$ und $\alpha_9 - \alpha_{11}$) hinzukamen. Die Vielzahl an Modellparametern führte in Gegenteil eher dazu, dass das Programm keine physikalisch sinnvolle Lösung mehr lieferte, sondern nur noch nach der mathematisch besten Anpassung suchte. Die Ergebnisse dieser Anpassung und der Vergleich zwischen berechneten und gemessenen Konzentrationsverläufen sind im Anhang in Kapitel 9.9 dargestellt.

Neben Abweichungen bei den Propenkonzentrationen gibt es auch noch deutlich erkennbare Unterschiede zwischen den berechneten und den gemessenen Ethenkonzentrationen bei einer Reaktionstemperatur von 400 °C. Nach den Vorstellungen des „dual-cycle"-Mechanismus wird Ethen über aromatische Verbindungen (Kohlenwasserstoff-Pool) in den Zeolithporen gebildet (s. Kapitel 2.5). Im verwendeten Reaktionsnetz dagegen wurden nur die Stoffe berücksichtigt, die in der Gasphase außerhalb der Zeolithporen nachgewiesen wurden. In die Reaktionsgeschwindigkeit der Ethenbildung geht daher nur die Eduktkonzentration ein, nicht aber die Konzentration an Aromaten in den Zeolithporen. Eventuell ist eine Verbesserung bei der Anpassung der Ethenverläufe möglich, wenn die Zusammensetzung der Stoffgruppe der höheren Kohlenwasserstoffe durch eine genauere Analytik besser aufgeklärt wird und zumindest eine Trennung zwischen Aromaten, längerkettigen Paraffinen und längerkettigen Olefinen erfolgt. Wie bereits in Kapitel 4.1 erwähnt, war dies mit der in dieser Arbeit verwendeten Analytik nicht möglich.

Fazit Modellierung

In dieser Arbeit wurde zum ersten Mal ein formalkinetisches Modell für die Reaktionen des MTO-Prozesses an $AlPO_4$-gebundenen siliziumreichen ZSM-5-

Extrudaten und unter Verwendung eines DME-Vorreaktors aufgestellt. Die vielen komplexen Reaktionen, die während des Prozesses ablaufen, wurden dabei auf wenige Reaktionspfade reduziert, und für die Reaktionsgeschwindigkeiten wurden einfache Potenzansätze verwendet. Trotzdem konnten die gemessenen Konzentrationsverläufe der Edukte sowie der wichtigsten Produkte mit Hilfe des Modells relativ gut abgebildet werden. Dabei wurde berücksichtigt, dass die Edukteingangskonzentration einen Einfluss auf die Produktverteilung hat und Geschwindigkeitsansätze erster Ordnung, wie sie in der Literatur häufig zu finden sind, nicht hinreichend genau sind.

Probleme bei der Anpassung traten nur im Bereich hoher Eduktumsätze auf, da die ablaufenden Sekundärreaktionen mit Hilfe des verwendeten Reaktionsnetzwes nur unzureichend beschrieben werden konnten. Das Hauptproblem war hierbei, dass die Kohlenwasserstoffe ab einer Kettenlänge von 5 C-Atomen aufgrund der Analytik nicht mehr in sinnvolle Stoffgruppen, wie beispielsweise Olefine, Paraffine oder Aromaten aufgeteilt werden konnten und zu einer Stoffgruppe (höhere Kohlenwasserstoffe) zusammengefasst wurden, obwohl sich diese Stoffe bei den ablaufenden Sekundärreaktionen vermutlich unterschiedlich verhalten (s. Kapitel 2.9). Eine Verbesserung in der Anpassung der gemessenen Konzentrationsverläufe kann möglicherweise erreicht werden, wenn ein größerer analytischer Aufwand betrieben wird, um die genannten Stoffe voneinander zu unterscheiden.

Tabelle 6.4: Aus der Modellierung der Reaktionskinetik erhaltene Werte für die Frequenzfaktoren $k_{j,\infty}$ und die Aktivierungsenergien $E_{A,j}$ mit 95 %-Vertrauensintervall sowie die Werte für die Zielfunktion F und den mittleren relativen Fehler f

Modellparameter	Wert	Einheit
$k_{1,\infty}$	$1{,}00 \pm 0{,}52$	$m^{4,5}\ mol^{-0,5}\ kg^{-1}\ s^{-1}$
$k_{2,\infty}$	$45{,}14 \pm 19{,}74$	$mol^{0,2}\ m^{2,4}\ kg^{-1}\ s^{-1}$
$k_{3,\infty}$	$35{,}88 \pm 20{,}93$	$mol^{0,15}\ m^{2,55}\ kg^{-1}\ s^{-1}$
$k_{4,\infty}$	$42{,}72 \pm 26{,}16$	$mol^{0,05}\ m^{2,85}\ kg^{-1}\ s^{-1}$
$k_{5,\infty}$	$7{,}29 \pm 3{,}81$	$m^3\ kg^{-1}\ s^{-1}$
$k_{6,\infty}$	$4{,}12 \pm 1{,}76$	$m^3\ kg^{-1}\ s^{-1}$
$k_{7,\infty}$	$3{,}07 \pm 1{,}62$	$m^3\ kg^{-1}\ s^{-1}$
$k_{8,\infty}$	$4000 \pm 1877{,}9$	$mol^{0,25}\ m^{2,25}\ kg^{-1}\ s^{-1}$
$E_{A,1}$	$45{,}87 \pm 3{,}03$	$kJ\ mol^{-1}$
$E_{A,2}$	$49{,}49 \pm 2{,}50$	$kJ\ mol^{-1}$
$E_{A,3}$	$68{,}75 \pm 13{,}44$	$kJ\ mol^{-1}$
$E_{A,4}$	$74{,}51 \pm 14{,}05$	$kJ\ mol^{-1}$
$E_{A,5}$	$40{,}02 \pm 2{,}96$	$kJ\ mol^{-1}$
$E_{A,6}$	$37{,}45 \pm 2{,}34$	$kJ\ mol^{-1}$
$E_{A,7}$	$35{,}17 \pm 3{,}03$	$kJ\ mol^{-1}$
$E_{A,8}$	$77{,}5 \pm 2{,}81$	$kJ\ mol^{-1}$
F	$17{,}05$	-
f	$13{,}8$	%

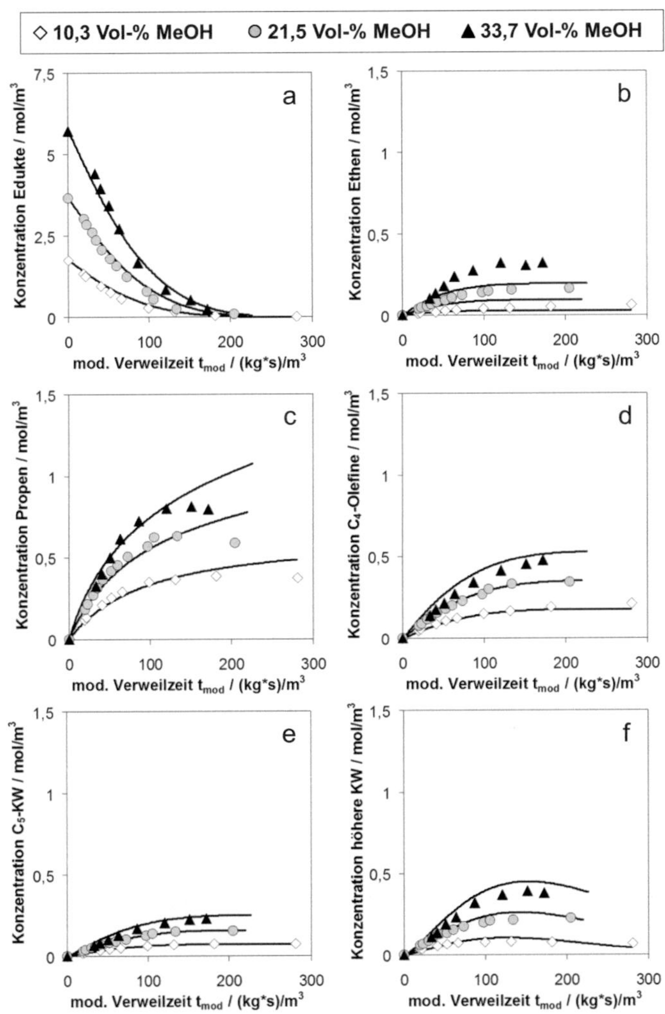

Abbildung 6.2: Vergleich zwischen den berechneten (Linien) und den gemessenen (Symbole) Konzentrationen von (a) den Edukten, (b) Ethen, (c) Propen, (d) den C_4-Olefinen, (e) den C_5-Kohlenwasserstoffen und (f) den höheren Kohlenwasserstoffen als Funktion der modifizierten Verweilzeit bei einer Reaktionstemperatur von 400 °C bei verschiedenen Methanoleingangskonzentrationen

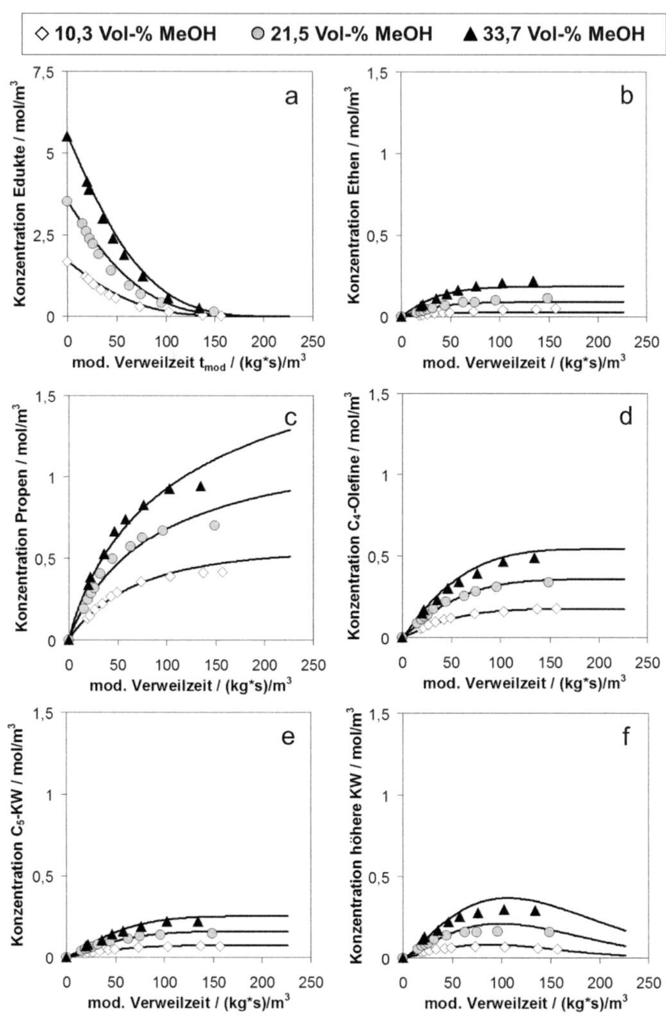

Abbildung 6.3: Vergleich zwischen den berechneten (Linien) und den gemessenen (Symbole) Konzentrationen von (a) den Edukten, (b) Ethen, (c) Propen, (d) den C_4-Olefinen, (e) den C_5-Kohlenwasserstoffen und (f) den höheren Kohlenwasserstoffen als Funktion der modifizierten Verweilzeit bei einer Reaktionstemperatur von 425 °C bei verschiedenen Methanoleingangskonzentrationen

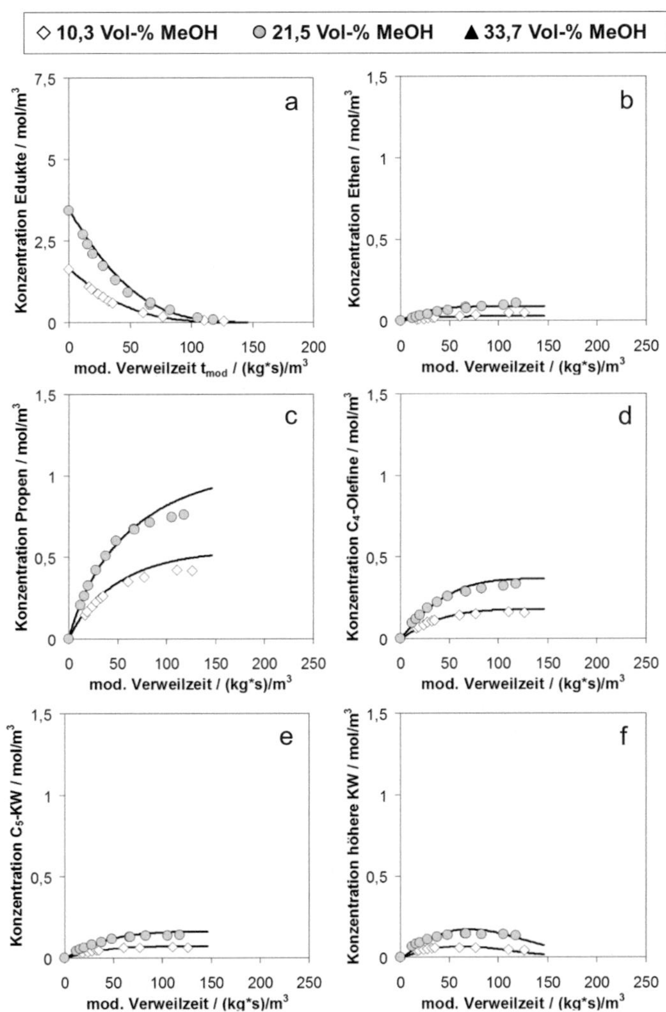

Abbildung 6.4: Vergleich zwischen den berechneten (Linien) und den gemessenen (Symbole) Konzentrationen von (a) den Edukten, (b) Ethen, (c) Propen, (d) den C$_4$-Olefinen, (e) den C$_5$-Kohlenwasserstoffen und (f) den höheren Kohlenwasserstoffen als Funktion der modifizierten Verweilzeit bei einer Reaktionstemperatur von 450 °C bei verschiedenen Methanoleingangskonzentrationen

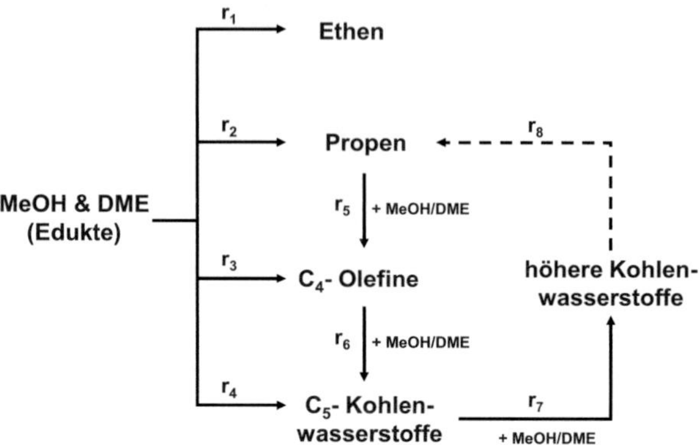

Abbildung 6.5: Darstellung der dominierenden Reaktionspfade (durchgezogene Pfeile) im verwendeten Reaktionsnetz bei kleinen bis mittlere Eduktumsätzen (kleine bis mittlere modifizierte Verweilzeiten t_{mod})

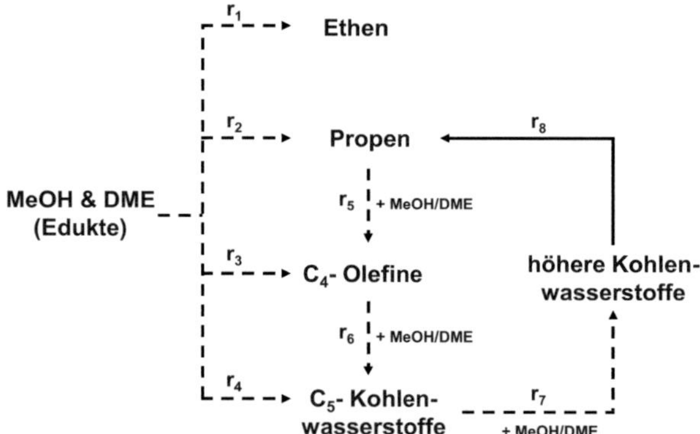

Abbildung 6.6: Darstellung der dominierenden Reaktionspfade (durchgezogene Pfeile) im verwendeten Reaktionsnetz bei hohen Eduktumsätzen (hohe modifizierte Verweilzeiten t_{mod})

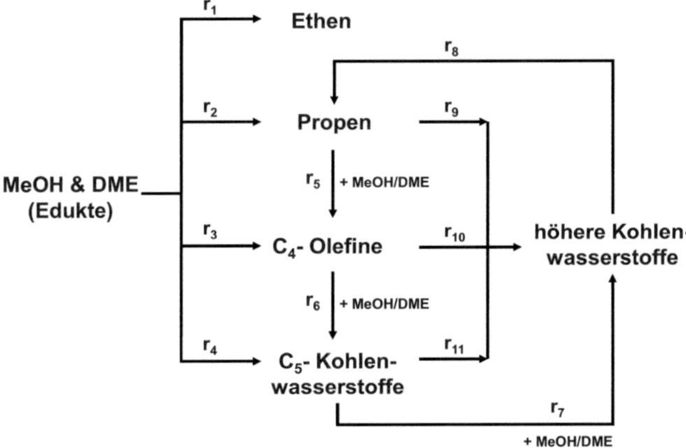

Abbildung 6.7: Erweiterung des verwendeten Reaktionsnetzes (s. Abbildung 5.10) um drei Reaktionspfade (r_9 bis r_{11}), mit denen weitere mögliche Sekundärreaktionen der primär gebildeten Olefine berücksichtigt wurden

7 Zusammenfassung

In dieser Arbeit wurden Untersuchungen zur Umsetzung von Methanol zu kurzkettigen Olefinen (*methanol-to-olefins*, MTO) an Aluminiumphosphat-gebundenen ZSM-5-Extrudaten in einem zweistufigen Festbettprozess durchgeführt. Es wurde dabei ein siliziumreicher Zeolith ZSM-5 mit einem relativ hohen Si/Al-Verhältnis von 250 verwendet, da mit diesem optimale Olefineausbeuten, vor allem an Propen, zu erwarten waren.

Aluminiumphosphat-Hydrat ($AlPO_4$-Hydrat) wurde als Bindermaterial für die Herstellung der Katalysatorformkörper verwendet, da es im Vergleich zum konventionell eingesetzten Aluminiumhydroxid einige Vorteile bietet. So bildet es beispielsweise eine makroporöse Matrix aus, die mechanisch sehr stabil ist und keine Eigenaktivität besitzt. Bei der Herstellung der Formkörper kommt es zudem nicht zu einer Veränderung der Zeolithazidität durch den Einbau von Aluminium-Atomen in das Zeolithgitter.

Für die Methanolumsetzung wurde ein zweistufiger Prozess gewählt, da der Einsatz eines Gemischs aus Methanol, DME und Wasser, welches im ersten Reaktor erzeugt wurde (DME-Vorreaktor), zu einer Verlängerung der Katalysatorstandzeit führte.

Das Ziel dieser Arbeit war es, ein formalkinetisches Reaktionsmodell für den MTO-Prozess an den eingesetzten $AlPO_4$/ZSM-5-Extrudaten zu erstellen. Dazu wurde zunächst eine intensive Studie im typischen MTO-Prozessbereich durchgeführt, bei der die Reaktionstemperatur zwischen 400 °C und 450 °C und die Eingangskonzentration an Methanol zwischen 10,3 Vol-% und 33,7 Vol-% variiert wurden. Desweiteren wurden Messungen durchgeführt, bei denen die Olefine Ethen, Propen und Isobuten einzeln sowie jeweils zusammen mit Methanol im Eduktstrom zudosiert wurden.

Anhand der erhaltenen Selektivitäts-Umsatz-Verläufe der wichtigsten Produkte konnte ein Reaktionsnetz abgeleitet und daraus dann ein mathematisches Modell der Reaktionskinetik entwickelt werden, mit dem die Abbildung der Konzentrationsverläufe dieser Produkte möglich war. Im Folgenden werden die wichtigsten Ergebnisse der einzelnen Schritte zusammengefasst.

Im Produktspektrum liegen bei typischen MTO-Reaktionsbedingungen hauptsächlich Propen sowie C_4-Olefine und C_5-Kohlenwasserstoffe vor. Ethen ist dagegen ein Nebenprodukt mit Selektivitäten unter 10 %. Zudem kommen verschiedene Kohlenwasserstoffe im Bereich zwischen C_6-C_{10} vor, die in der weiteren Betrachtung zu einer Stoffgruppe zusammengefasst und als höhere Kohlenwasserstoffe bezeichnet wurden. Die Produktverteilungen sind vergleichbar mit solchen die an reinen, ungebundenen ZSM-5-Kristalle erhalten werden. Eine Eigenaktivität der $AlPO_4$-Bindermatrix ist somit nicht feststellbar. Daraus lässt sich schlussfolgern, dass $AlPO_4$-Hydrat bestens als Bindermaterial für den Einsatz im MTO-Prozess geeignet ist, aber prinzipiell auch für andere Verfahren verwendet werden kann, bei denen die beschriebenen positiven Eigenschaften eine Prozessverbesserung bewirken.

Die Wahl der Reaktionsbedingungen hat innerhalb des MTO-Prozessbereiches insgesamt nur einen geringen Einfluss auf die Produktverteilung. Ein signifikanter Einfluss konnte nur bei Eduktumsätzen größer 80 % festgestellt werden. Die Reaktionstemperatur hat dabei hauptsächlich einen Einfluss auf die Selektivitäten zu Propen und den höheren Kohlenwassersoffen. Die Propenselektivität kann im Bereich hoher Eduktumsätze durch die Erhöhung der Reaktionstemperatur auf Kosten der Selektivität zu den höheren Kohlenwasserstoffen gesteigert werden. Der Grund hierfür sind Crackreaktionen von längerkettigen Kohlenwasserstoffen zu Propen, die durch die Temperaturerhöhung beschleunigt werden.

Bei der Variation der Methanoleingangskonzentration konnte ein Einfluss auf die Selektivitätsverläufe von Propen und Ethen festgestellt werden. Eine Erhöhung der Konzentration wirkt sich negativ auf die Propenselektivität aus und begünstigt die Bildung von Ethen. Der negative Einfluss einer erhöhten Methanoleingangskonzentration auf die Propenselektivität kann jedoch durch eine Erhöhung der Reaktionstemperatur kompensiert werden, wodurch die Gesamtausbeute an Propen gesteigert werden kann. Aufgrund des geringen Einflusses der Reaktionsbedingungen war es schwierig eine Aussage über das Reaktionsnetz zu treffen, welches für die Beschreibung der Reaktionskinetik benötigt wurde.

Die Messungen, bei denen die Produkte Ethen, Propen und Isobuten jeweils einzeln zudosiert wurden, dienten der Untersuchung von möglichen Folgereaktionen dieser Stoffe am verwendeten Katalysator. Hier konnte gezeigt werden, dass Ethen alleine nicht zu anderen Kohlenwasserstoffen umgesetzt wird. Bei Propen und Isobuten laufen dagegen komplexe Oligomerisierungs- und Crackreaktionen ab, wodurch verschiedenen Kohlenwasserstoffe gebildet werden. Bei Isobuten konnten zudem Hinweise auf Isomerisierungsreaktionen gefunden werden.

Werden die genannten Olefine jedoch zusammen mit Methanol zudosiert, so unterscheiden sich die erhaltenen Ergebnisse von den eben beschriebenen deutlich. In diesem Fall spielen Methylierungsreaktionen der eingesetzten Olefine eine dominierende Rolle. Diese konnten bei der Zudosierung von Propen und Methanol sowie von Isobuten und Methanol beobachtet werden. Sie scheinen gegenüber den vorher genannten Oligomerisierungs- und Crackreaktionen solange zu dominieren, wie DME bzw. Methanol im Reaktionsgemisch vorliegt. Im Fall der Zudosierung von Ethen und Methanol konnten dagegen keine Methylierungsreaktionen nachgewiesen werden, da keinerlei Einfluss auf die Selektivitätsverläufe der betrachteten Produkte zu beobachten war. Somit konnten für Ethen unter den untersuchten Prozessbedingungen keinerlei Folgereaktionen beobachtet werden, weder Methylierungs-, noch Oligomerisierungs- oder Crackreaktionen.

Das aus den experimentellen Daten abgeleitete Reaktionsnetz enthält die Komponenten Ethen, Propen, die Stoffgruppen der C_4-Olefine und C_5-Kohlenwasserstoffe sowie die übrigen Kohlenwasserstoffe zusammengefasst in einer Stoffgruppe. Vor allem die Betrachtung von Ethen, Propen und der C_4-Olefine als eigenständige Substanzen unterscheidet das verwendete Reaktionsnetzwerk von den meisten in der Literatur vorgestellten Netzwerken.

Mit Hilfe des Reaktionsnetzes und von Reaktionsgeschwindigkeitsgesetzen in Form von Potenzansätzen konnte die Kinetik der wichtigsten Reaktionspfade im MTO-Prozess beschrieben werden. Da die experimentellen Ergebnisse gezeigt haben, dass die Methanoleingangskonzentration einen Einfluss auf die Produktverteilung hat, war die Verwendung von Reaktionsgeschwindigkeiten erster Ordnung, wie in den Modellen aus der Literatur, nicht möglich. Bei der Anpassung der experimentellen Daten ergaben sich gebrochen rationale Reaktionsordnungen, die bei der Verwendung von Potenzansätzen bei heterogen katalysierten Reaktionen typisch sind.

Durch das Modell ist eine relativ gute Abbildung der gemessenen Konzentrationsverläufe der betrachteten Produkte sowie der Edukte möglich. Vor allem die Bildung der primären Olefine aus den Edukten sowie deren Abreaktion über Methylierungsreaktionen im Bereich von kleinen bis mittleren Umsätzen kann gut beschrieben werden. Abweichungen bestehen hauptsächlich im Bereich hoher Eduktumsätze. Diese Schwäche des Modells liegt wohl an einer ungenauen Beschreibung der Folgereaktionen, die jedoch aufgrund ihrer Komplexität mit der vorhandenen Analytik nicht besser bestimmt werden konnten. Eine Verbesserung der Abbildung kann möglicherweise durch eine bessere Aufschlüsselung der Zusammensetzung der höheren Kohlenwasserstoffe erreicht werden, wobei vermutlich eine Unterscheidung zwischen längerkettigen Olefinen, Paraffinen und Aromaten hilfreich wäre.

Insgesamt konnte aber in dieser Arbeit gezeigt werden, dass es möglich ist, die komplexen Vorgänge, die zur Bildung von Kohlenwasserstoffen im MTO-Prozess führen, mit Hilfe eines relativ einfachen mathematischen Modells zu beschreiben. Dabei wurden zum ersten Mal ein belastbares Modell für die vielversprechenden ZSM-5/AlPO$_4$-Extrudate entwickelt. Erstmals wurde außerdem der Einfluss der Edukteingangskonzentration auf die Produktverteilung durch die Wahl der Geschwindigkeitsansätze berücksichtigt. Auch die Verwendung eines DME-Vorreaktors, wie er üblicherweise in industriellen Verfahren eingesetzt wird, war eine Neuerung gegenüber bereits bestehenden Kinetikmodellen.

Mit Hilfe des entwickelten Modells ist es nun prinzipiell möglich, rechnerische Studien zur Reaktorauslegung und zur Prozessoptimierung beim Einsatz des verwendeten Katalysators durchzuführen. Generell kann die in dieser Arbeit dargestellte Methode zur Beschreibung der Reaktionskinetik auch für andere $AlPO_4$-gebundenen ZSM-5-Katalysatoren verwendet werden.

8 Summary

In the present study, the fixed-bed conversion of methanol to olefins (MTO) over AlPO$_4$-bound ZSM-5 extrudates was investigated in a two-stage series-flow unit. The zeolite used was a high-silica ZSM-5 with a framework Si/Al ratio of 250. This ratio is most beneficial for an optimum olefin yield, especially of propene.

The use of aluminium phosphate hydrate as binder material provides several advantages over conventionally used alumina. For example, a macroporous matrix is formed that is mechanically stable and non-reactive in the MTO process. Also, the zeolite acidity is unchanged during the shaping process, because there is no insertion of aluminium into the zeolite framework.

The use of a two-stage unit for the methanol conversion was due to the positive effect on the longterm-stability of the catalysts when a reactant mixture of methanol, DME and water was used. This mixture was formed in the first reactor (DME pre-reactor).

The aim of the present work was the developement of a kinetic model which provides a robust description of the performance of the AlPO$_4$/ZSM-5 catalyst extrudates at typical MTO-conditions. At first, processing experiments were carried out over a wide range of conversion levels at reaction temperatures from 400 °C to 450 °C, and under variation of the methanol feed concentrations in the feed between 10 % and 34 % (v/v). Additional experiments were carried out, in which ethene, propene and iso-butene, respectively, were fed either alone or together with methanol.

With the obtained product selectivities as function of the conversion of methanol and dimethyl ether, a reaction scheme was proposed, and a mathematical model of the reaction kinetics was developed. A good description of the measured concentrations was possible with this model. In the following, the most significant results are summarized.

The main products under typical MTO process conditions are propene as well as C_4-olefins and C_5-hydrocarbons. The formation of ethene plays a minor role, only, with selectivities below 10 %. There are also mentionable amounts of several hydrocarbons between C_6 and C_{10}. These species have been lumped together to the group of higher hydrocarbons in further considerations.

The product composition obtained in the measurements is very much like that obtained with pure ZSM-5 crystals, confirming that the $AlPO_4$-matrix of the extruded catalyst is non-reactive. It can be concluded that the use of aluminium phosphate hydrate as binder material is favorable for the use in MTO catalysts. The use of this binder material in catalysts for other processes is also imaginable when the described advantages of the binder could bring an improvement of the process performance.

Altogether, the choice of the reaction conditions within the typical MTO process regime has only little effects on the product distribution. The most significant effects can be observed at reactant conversions above 80 %. The reaction temperature mainly influences the selectivities to propene and the higher hydrocarbons. At high reactant conversions, an increase can be observed with rising temperatures at cost of the selectivity to higher hydrocarbons. An acceleration of cracking reactions to propene with increasing temperature can be assumed. The main influence of varying the methanol feed concentration is on the formation of ethene and propene. With increasing methanol concentration, the selectivity to ethene is slightly enhanced, whereas the selectivity to propylene decreases. However, by raising the reaction temperature, the negative effect of high methanol concentration on the propene selectivity can be compensated.

Measurements with ethene, propene and iso-butene, respectively, in the feed were performed to identify possible reactions of these species over the used catalyst. It could be shown that ethene is unreactive, whereas propene and iso-butene form several hydrocarbons through complex oligomerisation and cracking reactions. Also evidence was found for isomerization reactions of iso-butene.

The co-feeding experiments of olefins and methanol were elucidating. This clearly showed, for instance, that methylations of the olefins used are the dominant reactions. These were observed with propene and iso-butene, respectivly, as co-feed. The alkene interconversion reactions like oligomerisation and cracking reactions seem to be suppressed as long as methanol and DME are present in the reaction mixture.

In the case of ethene as a co-feed, the product selectivities are almost the same as those observed when methanol was fed alone. That suggests that no methylation of ethene occurs, and therefore ethylene is unreactive under the measured process conditions.

Based on the experimental data, a reaction scheme was proposed that consists of the following lumps: ethene, propene, the C_4-olefins, the C_5-hydrocarbons and the group of higher hydrocarbons. Especially the consideration of ethene, propene and the C_4-olefins as single lumps makes the difference to reaction schemes proposed in literature.

The description of the kinetics of the most important reaction steps in the MTO process was possible with the proposed reaction scheme and rate expressions in form of power law kinetics. A first-order concentration dependency in methanol is reported in literature but turned out not to be appropriate. Rather it was found that rational numbers as values for the reaction-orders were more suitable.

The model allows a fairly well description of the measured reactant and product concentrations. Especially the formation of the primary olefins out of the reactants and the methylation at low to medium reactant conversions was described very well. Deviations occur mainly at higher conversions. The weakness of the model lies in the description of the complex system of secondary reactions. So, a better prediction of the concentrations would probably be possible, if the group of higher hydrocarbons could be analyzed in more detail. A differentiation between aromatics, paraffins and higher olefins could already be helpful.

In this study, it was possible to describe the complex reaction system of the hydrocarbon formations in the MTO process with a very simple mathematical model. For the first time, a reliable model for the promising $AlPO_4/ZSM$-5 extrudates was developed. Furthermore, the influence of the methanol feed concentration on the product distribution was considered in the choice of the rate equations. Accounting for a DME pre-reactor, like it is common in industrial processes, also was an innovation compared to the existing kinetic models.

In principle, the model developed now can be used for reactor design and process simulation studies.

9 Anhang

9.1 Charakterisierung der Katalysatoren

Zur Charakterisierung der Brønsted-sauren Zentren im Katalysator wird eine temperaturprogrammierte Desorption von Ammoniak (NH_3-TPD) durchgeführt. Je höher die Desorptionstemperatur ist, desto stärker ist der Ammoniak an das saure Zentrum gebunden.

Die Messung wurde mit Hilfe eines Analysengerätes der Firma Micromeritics (AutoChem 2910) durchgeführt. Dabei wurden die zu untersuchenden Katalysatorextrudate in einen U-förmigen Quarzglasreaktor (mit $d_i = 1$ mm) eingebracht und von oben nach unten durchströmt. Die verwendeten Gase konnten durch den Reaktor oder im Bypass am Reaktor vorbeigeführt werden. Die Erfassung des desorbierten Ammoniaks erfolgte über einen Wärmeleitfähigkeitsdetektor (WLD). Das durchgeführte Messprogramm ist nachfolgend aufgelistet:

Einwaage:	0,325−0,330 g
Ausheizen:	500 °C, 60 min, 50 ml/min He, Aufheizrate 10 K/min
NH_3-Beladung:	50 °C, 60 min, 50 ml/min 10 % NH_3 in He
Spülung:	50 °C, 180 min, 100 ml/min He
NH_3-Desorption:	550 °C, 25 ml/min He, Aufheizrate 10 K/min

In dieser Arbeit wurden nur qualitative Messungen durchgeführt, d. h. die Extrudate wurden nur darauf untersucht, ob der für die sauren Zentren charakteristische Peak nach der Herstellung vollständig vorhanden ist und der Zeolith seine ursprüngliche Azidität besitzt.

9.2 Eduktzusammensetzung

9.2.1 Methanolkonzentration nach dem Sättiger-Kondensator-System

Die gewünschte Methanoleingangskonzentration wird über das Sättiger-Kondensator-System eingestellt. Die zur Einstellung des entsprechenden Methanolpartialdrucks benötigte Temperatur im Kondensator konnte anhand der Dampfdruckkurve von Methanol bestimmt werden (s. Abbildung 9.1). Für die Erstellung der Dampfdruckkurve wurde die Antoine-Gleichung verwendet (s. Gleichung 9.1). Die für die Berechnung des Methanoldampfdrucks benötigten Antoine-Parameter sind in Tabelle 9.1 aufgelistet.

$$p_{MeOH} = 10^{A + \frac{B}{C + T/K}} \, kPa \tag{9.1}$$

mit p_{MeOH} Methanoldampfdruck in kPa

      A, B, C   Antoine-Parameter (s. Tabelle 9.1)

      T   Temperatur in K

Tabelle 9.1: Antoine-Parameter für die Berechnung des Methanoldampfdrucks aus [83]

Parameter	Wert
A	7,18411
B	-1569,492
C	-34,613

9.2.2 Gleichgewicht Methanol – Dimethylether/Wasser

Methanol wird in einer Gleichgewichtsreaktion zu DME und Wasser umgesetzt. Der Gleichgewichtsumsatz X_{GGW} ist von der Reaktionstemperatur abhängig und die Berechnung wird im Folgenden beschrieben. Zuerst wurden die Freie Stan-

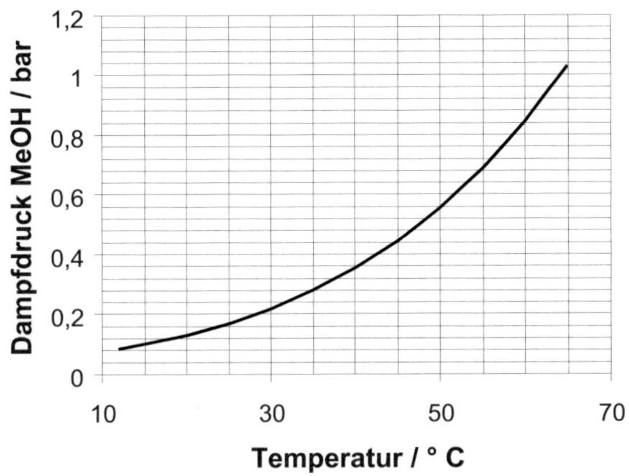

Abbildung 9.1: Dampfdruckkurve von Methanol, berechnet nach Gleichung 9.1

dardbildungsenthalpien von Methanol, DME und Wasser (s. Gleichung 9.2) mit Hilfe der in Tabelle 9.2 aufgelisteten Koeffizienten berechnet.

$$\Delta_B G_i^\Theta = A_i + B_i \cdot T + C_i \cdot T^2 \tag{9.2}$$

Tabelle 9.2: Koeffizienten zur Berechnung der Freien Standardbildungsenthalpie von Methanol, DME und Wasser nach Gleichung 9.2 aus [84]

Stoff i	A_i / kJ/mol	B_i / kJ/mol·K	C_i / kJ/mol·K^2
Methanol	-201,860	$1,2542 \times 10^{-1}$	$2,0345 \times 10^{-5}$
DME	-185,257	$2,3378 \times 10^{-1}$	$2,7075 \times 10^{-5}$
Wasser	-241,740	$4,1740 \times 10^{-2}$	$7,4281 \times 10^{-6}$

Die Freie Standardreaktionsenthalpie konnte nach Gleichung 9.3 mit Hilfe der Standardbildungsenthalpien bei der entsprecheden Reaktionstemperatur berechnet werden.

$$\Delta_R G^{\ominus} = \Delta_B G^{\ominus}_{DME} + \Delta_B G^{\ominus}_{Wasser} - 2 \cdot \Delta_B G^{\ominus}_{Methanol} \qquad (9.3)$$

Daraus lässt sich dann die thermodynamische Gleichgewichtskonstante K(T) mit Hilfe von Gleichung 9.4 berechnen.

$$K(T) = \exp\left[-\frac{\Delta_R G^{\ominus}}{R \cdot T}\right] \qquad (9.4)$$

Abgeleitet von der Reaktionsgleichung ergibt sich für die Gleichgewichtskonstante die Gleichung 9.5. Die Gleichgewichtskonstante K(T) hängt nur von der Temperatur ab und ist vom Druck unabhängig, da es sich um eine volumenstabile Reaktion handelt.

$$K(T) = \frac{p_{DME} \cdot p_{Wasser}}{p^2_{MeOH}} = \frac{y_{DME} \cdot y_{Wasser}}{y^2_{MeOH}} \qquad (9.5)$$

$$\text{mit} \quad y_i = \frac{p_i}{p_{ges}} = \frac{\dot{n}_i}{\dot{n}_{ges}}$$

Mit Hilfe der Gleichungen 9.5−9.7 lässt sich ein Zusammenhang zwischen der Gleichgewichtskonstanten K(T) und dem Gleichgewichtsumsatz X_{GGW} herstellen (s. Gleichung 9.8).

$$\dot{n}_{MeOH} = (1 - X_{GGW}) \cdot \dot{n}_{MeOH,0} \qquad (9.6)$$

$$\dot{n}_{DME} = \frac{1}{2} \cdot \dot{n}_{MeOH,0} \cdot X_{GGW} = \dot{n}_{Wasser} \qquad (9.7)$$

$$X_{GGW} = \frac{\sqrt{K(T)}}{\frac{1}{2} + \sqrt{K(T)}} \qquad (9.8)$$

In Tabelle 9.3 sind die Werte für die Freien Standardbildungsenthalpien $\Delta_B G^{\ominus}_i$ und in Tabelle 9.4 die Werte für die Freie Standardreaktionsenthalpie $\Delta_R G^{\ominus}$, die Gleichgewichtskonstante K(T) und den Gleichgewichtsumsatz X_{GGW} für Temperaturen zwischen 50 °C und 450 °C aufgelistet. Bei der in dieser Arbeit gewählten Temperatur von 300 °C im Vorreaktor liegt der Gleichgewichtsumsatz bei 86,6 %.

Tabelle 9.3: Freie Standardbildungsenthalpie von Methanol, DME und Wasser für verschiedenen Temperaturen

Temperatur	$\Delta_B G^{\Theta}_{Methanol}$	$\Delta_B G^{\Theta}_{DME}$	$\Delta_B G^{\Theta}_{Wasser}$
50 °C	-159,21 kJ/mol	-106,88 kJ/mol	-227,48 kJ/mol
100 °C	-152,23 kJ/mol	-94,25 kJ/mol	-225,13 kJ/mol
200 °C	-137,96 kJ/mol	-68,58 kJ/mol	-220,33 kJ/mol
300 °C	-123,29 kJ/mol	-42,37 kJ/mol	-215,38 kJ/mol
400 °C	-108,21 kJ/mol	-15,62 kJ/mol	-210,28 kJ/mol

Tabelle 9.4: Freie Standardreaktionsenthalpie $\Delta_R G^{\Theta}$ für die Reaktion von Methanol zu DME und Wasser, Gleichgewichtskonstante K(T) dieser Reaktion und Gleichgewichtsumsatz X_{GGW} für verschiedene Temperaturen

Temperatur	$\Delta_R G^{\Theta}$	K(T)	X_{GGW}
50 °C	-15,95 kJ/mol	378,37	0,975
100 °C	-14,93 kJ/mol	123,00	0,957
200 °C	-12,98 kJ/mol	27,14	0,912
300 °C	-11,16 kJ/mol	10,41	0,866
400 °C	-9,47 kJ/mol	5,43	0,823

9.2.3 Eduktkonzentrationen am Eintritt in den MTO-Reaktor

Die Konzentrationen der Edukte Methanol und DME am Eingang des MTO-Reaktors werden nach Gleichung 9.9 und 9.10 berechnet. Dafür werden der gemessene Methanolumsatz im Vorreaktor X_{MeOH} von 86 %, der Eintrittsvolumenstrom $\dot{V}_0\,(p, T_R)$ bei Reaktionsbedingungen und der Stoffmengenstrom an Methanol nach dem Sättiger-Kondensator-System $\dot{n}_{MeOH,0}$ benötigt.

Tabelle 9.5: Eingangskonzentrationen von Methanol und DME in den MTO-Reaktor bei den untersuchten Prozessbedingungen

Reaktionstemperatur	Methanolkonzentration nach dem Kondensator	Konzentration von Methanol	DME
400 °C	10,3 Vol-%	0,423 mol/m^3	1,298 mol/m^3
	21,5 Vol-%	0,886 mol/m^3	2,720 mol/m^3
	33,7 Vol-%	1,388 mol/m^3	4,264 mol/m^3
425 °C	10,3 Vol-%	0,408 mol/m^3	1,252 mol/m^3
	21,5 Vol-%	0,854 mol/m^3	2,622 mol/m^3
	33,7 Vol-%	1,339 mol/m^3	4,112 mol/m^3
450 °C	10,3 Vol-%	0,394 mol/m^3	1,209 mol/m^3
	21,5 Vol-%	0,824 mol/m^3	2,532 mol/m^3

$$c_{MeOH} = \frac{\dot{n}_{MeOH,0} \cdot (1 - X_{MeOH})}{\dot{V}_0\,(p, T_R)} \tag{9.9}$$

$$c_{DME} = \frac{1}{2} \cdot \frac{\dot{n}_{MeOH,0} \cdot X_{MeOH}}{\dot{V}_0\,(p, T_R)} \tag{9.10}$$

Die Werte für die Konzentrationen bei den Messungen mit ausschließlich Methanol im Eduktstrom unter den betrachteten Reaktionsbedingungen sind in Tabelle 9.5 aufgelistet.

Bei der Dosierung von Methanol zusammen mit einem Olefin wurde eine Methanolkonzentration von 21,5 Vol-% nach dem Sättiger-Kondensator-System gewählt. Durch den zusätzliche zudosierten Olefinvolumenstrom wurden die Eingangskonzentrationen der Edukt in den MTO-Reaktor aber verringert, da der Gesamtvolumenstrom vergrößert wurde. Tabelle 9.6 enthält die Werte der Edukteingangskonzentrationen in den MTO-Reaktor bei der Zudosierung des jeweiligen Olefins und die Differenz zu den entsprechenden Werten aus Tabelle 9.5.

Tabelle 9.6: Eingangskonzentrationen der Edukte beim gleichzeitiger Dosierung von Methanol und einem Olefin in Abhängigkeit von dem jeweils zudosierten Olefinvolumenstrom und der Reaktionstemperatur

Methanol und Ethen im Eduktstrom

| Reaktionstemperatur | Konzentration von | | Differenz zu den Konzen- |
	Methanol	DME	trationen in Tabelle 9.5
400 °C	0,821 mol/m^3	2,523 mol/m^3	-7,3 %
425 °C	0,794 mol/m^3	2,439 mol/m^3	-7 %
450 °C	0,765 mol/m^3	2,348 mol/m^3	-7,2 %

Methanol und Propen im Eduktstrom

| Reaktionstemperatur | Konzentration von | | Differenz zu den Konzen- |
	Methanol	DME	trationen in Tabelle 9.5
400 °C	0,863 mol/m^3	2,650 mol/m^3	-2,6 %
425 °C	0,830 mol/m^3	2,549 mol/m^3	-2,8 %
450 °C	0,800 mol/m^3	2,458 mol/m^3	-2,9 %

Methanol und Isobuten im Eduktstrom

| Reaktionstemperatur | Konzentration von | | Differenz zu den Konzen- |
	Methanol	DME	trationen in Tabelle 9.5
400 °C	0,756 mol/m^3	2,323 mol/m^3	-14,6 %
425 °C	0,724 mol/m^3	2,225 mol/m^3	-15,1 %
450 °C	0,695 mol/m^3	2,136 mol/m^3	-15,6 %

Methanol und Isobuten (halbe Konzentration) im Eduktstrom

| Reaktionstemperatur | Konzentration von | | Differenz zu den Konzen- |
	Methanol	DME	trationen in Tabelle 9.5
425 °C	0,789 mol/m^3	2,425 mol/m^3	-7,5 %
450 °C	0,760 mol/m^3	2,334 mol/m^3	-7,8 %

9.3 Gasanalyse

9.3.1 Geräte und Bedienung

Die Gasanalyse wurde mit Hilfe eines Gaschromatographen 6890 von Hewlett Packard durchgeführt. Über ein externes Probenschleifenventil erfolgte die Probennahme aus dem Gasstrom. Die Steuerung und Datenerfassung erfolgte über den Anlagenrechner mittels der Software *ChemStation* von Hewlett Packard. Weitere Angaben zum Gaschromatographen sowie zu den Betriebsbedingungen sind in Tabelle 9.7 aufgelistet. Der Temperaturverlauf des Säulenofens und der Säulendurchfluss des Trägergases während einer Analyse sind in Abbildung 9.2 dargestellt. Die Analysendauer für eine Probe betrug 13,5 min. Für die Bypassmessungen zur Bestimmung der Eduktzusammensetzung wurde die Analysenzeit verkürzt und das gezeigte Analyseprogramm nach 8,75 min abgebrochen.

Tabelle 9.7: Spezifikationen des Gaschromatographen und Betriebsbedingungen

Gaschromatograph	Hewlett Packard GC 6890
Säule	Kapillarsäule, Varian PoraBond Q 7354
	25 m x 530 μm x 10 μm
Trägergas	Wasserstoff
Detektor	Flammenionisationsdetektor (FID)
Temperatur Probenschleife	150 °C
Temperatur Injektor	220 °C
Temperatur Detektor	320 °C
Splitverhältnis	10:1
Volumenströme Detektor	H_2-Strom: 30 ml/min
	Synth. Luft: 400 ml/min
	Make-Up (N_2): 30 ml/min

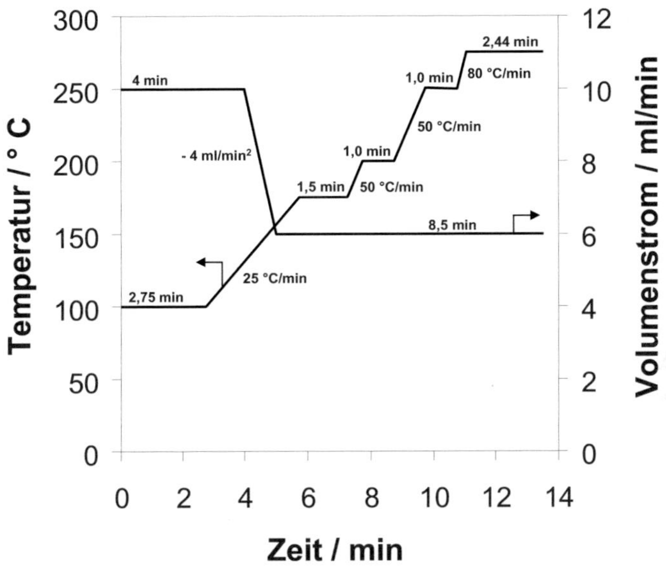

Abbildung 9.2: Temperatur- und Durchflussprogramm während der Gasanalyse

9.3.2 Korrekturfaktoren und Retentionszeiten

Die Korrekturfaktoren f_i der betrachteten Stoffe im Produktgemisch, die zur Auswertung der chromatographischen Messungen benötigt wurden, sind teilweise experimentell und teilweise theoretisch ermittelt worden. Die erhaltenen Werte für die jeweiligen Stoffe sind in Tabelle 9.8 aufgelistet. Die Bestimmungsmethoden für die experimentellen und theoretischen Korrekturfaktoren sollen in den folgenden Abschnitten näher erläutert werden.

Experimentelle Bestimmung der Korrekturfaktoren

Zur experimentellen Ermittlung der Korrekturfaktoren wurden verschiedene Volumenströme der zu untersuchenden Substanz in die Anlage dosiert, zusammen

Tabelle 9.8: Korrekturfaktoren der betrachteten Substanzen im Produktgemisch

Substanz	experimenteller Korrekturfaktor	Korrekturfaktor nach Ackman [85]
Methan	-	5,55
Ethen	2,43	-
Methanol	5,523	-
Propen	1,69	-
Propan	-	2,55
DME	3,754	-
Isobutan	1,27	-
Isobuten	1,34	-
1-Buten	1,30	-
trans-2-Buten	1,32	-
cis-2-Buten	1,32	-
Neopentan	Standard	
C_5 (1)	-	0,972
C_5 (2)	-	0,972
C_5 (3)	-	0,986
p&m-Xylol	-	0,575

mit einem konstanten Volumenstrom (50 ml_N/min) an internem Standard Neopentan und Stickstoff als Inertgas. Bei Methanol erfolgte die Zudosierung über das Sättiger-Kondensator-System. Durch die Auftragung der unterschiedlichen Stoffmengenstromverhältnisse von Substanz zu Standard über den dazugehörigen Peakflächenverhältnissen konnte der Korrekturfaktor nach Gleichung 9.11 bestimmt werden. Dieser entspricht dabei der Steigung der Ausgleichsgeraden. Der Stoffmengenstrom der zudosierten Substanz wurde mit Hilfe des Infrarotspektrometers nach dem KNV bestimmt. Dieser kann anhand der gemessenen CO_2-Konzentration im Abgas nach Gleichung 9.12 berechnet werden.

$$\frac{\dot{n}_i}{\dot{n}_{Neopentan}} = f_i \cdot \frac{F_i}{F_{Neopentan}} \tag{9.11}$$

$$\dot{n}_i = \frac{1}{z_{C,i}} \cdot \left(\frac{\dot{V}_{gesamt} \cdot x_{V,CO_2} \cdot p_N}{T_N \cdot R - 5 \cdot \dot{n}_{Neopentan}} \right) \tag{9.12}$$

Theoretische Bestimmung der Korrekturfaktoren

Die theoretische Bestimmung der Korrekturfaktoren erfolgte nach der Methode von Ackman [85], die für sauerstofffreie, organische Substanzen sehr genaue Werte liefert. Die Berechnung erfolgt nach Gleichung 9.13 aus dem Verhältnis der relativen molaren Anzeigeempfindlichkeit des Standards (RMR$_{Neopentan}$) zur relativen molaren Anzeigeempfindlichkeit der betrachteten Substanz (RMR$_i$). Die RMR-Werte werden dabei mit Gleichung 9.14 berechnet.

$$f_i = \frac{RMR_{Neopentan}}{RMR_i} \tag{9.13}$$

$$RMR_i = z_{C,i} \cdot 100 \cdot \frac{Gew - \% \, C \, in \, Substanz \, i}{Gew - \% \, C \, in \, Heptan} \tag{9.14}$$

Daraus ergibt sich für den Standard Neopentan folgender RMR-Wert:

$$RMR_{Neopentan} = 496$$

9.4 Berechnung der relativen Volumenänderung

Im folgenden Kapitel wird die relative Volumenänderung durch den MTO-Prozess berechnet und es wird gezeigt werden, dass diese trotz der Verwendung von Stickstoff als Inertgas nicht vernachlässigt werden kann. Allgemein berechnet sich die relative Volumenänderung bei vollständigem Umsatz einer Spezies i nach folgender Gleichung:

$$\epsilon_i = \frac{(V\ bei\ X_i = 1) - (V\ bei\ X_i = 0)}{(V\ bei\ X_i = 0)}. \tag{9.15}$$

Zur Berechnung der relativen Volumenänderung $\epsilon_{MeOH/DME}$ für diese Arbeit musste zunächst der Volumenanteil von Methanol und DME am Eingang in den MTO-Reaktor berechnet werden, also nach der Umsetzung von Methanol zu DME und Wasser im Vorreaktor. Bei einer Temperatur von 300 °C wird dort ein Methanolumsatz von 86 % erreicht.

Die Berechnung der Partialdrücke von DME und Methanol erfolgt anhand von Gleichung 9.16 und 9.17. In Tabelle 9.9 sind die berechneten Partialdrücke sowie die entsprechenden Konzentrationen für die durchgeführten Messungen aufgelistet.

$$p_{DME} = \frac{1}{2} \cdot X_{MeOH} \cdot p_{MeOH,0} \tag{9.16}$$

$$p_{MeOH} = (1 - X_{MeOH}) \cdot p_{MeOH,0} \tag{9.17}$$

Tabelle 9.9: Partialdrücke von Methanol und DME nach dem DME-Vorreaktor, sowie die entsprechenden Konzentrationen bei den eingestellten Methanolpartialdrücken im Sättiger

Partialdruck Methanol im Sättiger	Partialdruck Methanol nach dem Vorreaktor	Partialdruck DME nach dem Vorreaktor	Konzentration Methanol	Konzentration DME
0,169 bar	0,024 bar	0,073 bar	1,45 Vol-%	4,42 %
0,354 bar	0,050 bar	0,152 bar	3,03 Vol-%	9,21 Vol-%
0,555 bar	0,078 bar	0,239 bar	4,73 Vol-%	14,48 Vol-%

Die Reaktionsgleichungen für die Umsetzung der Eduktmischung zu Kohlenwasserstoffen und Wasser, die sich aus dieser Berechnung der Volumenanteile an Methanol und DME ergeben sind in den Gleichungen 9.18 bis 9.20 dargestellt.

$$1,45n \text{ CH}_3\text{OH} + 4,42n \text{ CH}_3\text{-O-CH}_3 + 94,13n \text{ N}_2$$
$$\longrightarrow 10,29 \text{ (-CH}_2\text{-)}_n + 5,87n \text{ H}_2\text{O} + 94,13n \text{ N}_2 \quad (9.18)$$

$$3n \text{ CH}_3\text{OH} + 9,2n \text{ CH}_3\text{-O-CH}_3 + 87,8n \text{ N}_2$$
$$\longrightarrow 21,4 \text{ (-CH}_2\text{-)}_n + 12,2n \text{ H}_2\text{O} + 87,8n \text{ N}_2 \quad (9.19)$$

$$4,73n \text{ CH}_3\text{OH} + 14,5n \text{ CH}_3\text{-O-CH}_3 + 80,77n \text{ N}_2$$
$$\longrightarrow 33,73 \text{ (-CH}_2\text{-)}_n + 19,23n \text{ H}_2\text{O} + 80,77n \text{ N}_2 \quad (9.20)$$

Die relative Volumenänderung $\epsilon_{MeOH/DME}$ lässt sich nun mit Hilfe dieser Reaktionsgleichungen und Gleichung 9.15 berechnen. Die erhaltenen Ergebnisse sind in Tabelle 9.10 aufgelistet. Es zeigt sich, dass die relative Volumenänderung abhängig von der Anzahl n an gebildeten Kohlenwasserstoffen in Form von (-CH$_2$-)-Einheiten ist. Je größer die Kettenlänge, desto kleiner fällt die Volumenzunahme aus. Da beim MTO-Prozess Kohlenwasserstoffe mit verschiedenen Kettenlänge entstehen, ändert sich der Wert für die Volumenstromänderung je nach Zusammensetzung des Produktgases. In dieser Arbeit wurde die relative Volumenänderung $\epsilon_{MeOH/DME}$ mit Hilfe der gemessenen Reaktorselektivitäten $^R S_i$ zu den jeweiligen Kohlenwasserstoffen bei Vollumsatz berechnet. Durch Multiplikation der Reaktorselektivität $^R S_i$ mit der in Tabelle 9.10 aufgelisteten relativen Volumenänderung unter Berücksichtigung der jeweiligen Kohlenstoffanzahl n und Aufsummierung der Ergebnisse konnte die relative Volumenänderung $\epsilon_{MeOH/DME}$ abgeschätzt werden (s. Tabelle 6.1).

Tabelle 9.10: relative Volumenänderung $\epsilon_{MeOH/DME}$ für die verschiedenen gemessenen Methanolkonzentrationen in Abhängigkeit von der Kettenlänge n

Konzentration Methanol im Sättiger	relative Volumenänderung $\epsilon_{MeOH/DME}$
10,2 Vol-%	$0,1029 \cdot \frac{1}{n}$
21,4 Vol-%	$0,214 \cdot \frac{1}{n}$
33,6 Vol-%	$0,3373 \cdot \frac{1}{n}$

9.5 Abschätzung der axialen Dispersion

9.5.1 Berechnung der Bodenstein-Zahl

Die Kenntnis über die Verweilzeitverteilung in einem realen Reaktor erlaubt eine Aussage darüber, ob zur Abbildung des Reaktors ein vereinfachtes Modell, wie der ideale Rührkessel oder der ideale Rohrreaktor, verwendet werden darf. Für Strömungsreaktoren ist das Dispersionsmodell ein vereinfachtes Reaktormodell, bei dem unter Annahme einer idealen Vermischung über den Reaktorquerschnitt die diffusive Rückvermischung in axialer Richtung in Form eines axialen Diffusionskoeffizienten D_{ax} berücksichtigt wird. Mit Hilfe der Bodenstein-Zahl, die das Verhältnis von konvektivem Stofftransport und diffusiver Rückvermischung in axialer Richtung beschreibt (s. Gleichung 9.21), kann die axiale Dispersion abgeschätzt werden. Für Werte der Bodensteinzahl größer 50 kann die axiale Diffusion vernachlässigt werden und es kann von einer idealen Pfropfenströmung ausgegangen werden.

$$Bo = \frac{\vec{u}_0 \cdot L}{D_{ax}} \qquad (9.21)$$

Die Bodenstein-Zahl kann auch mit Hilfe der axialen Peclet-Zahl beschrieben werden (s. Gleichung 9.22). Für gasdurchströmte Festbettreaktoren lässt sich die axiale Peclet-Zahl nach Wen und Fan [86] aus der Reynolds- und Schmitt-Zahl für den Bereich $0,008 < Re_P < 400$ und $0,28 < Sc < 2,2$ berechnen (s. Gleichung 9.23).

$$Bo = Pe_{ax} \cdot \frac{L}{d_P} \tag{9.22}$$

$$Pe_{ax} = \left(\frac{0,3}{Re_P \cdot Sc} + \frac{0,5}{1 + \frac{3,8}{Re_P \cdot Sc}} \right)^{-1} \tag{9.23}$$

Die Berechnung der Reynolds- und Schmitt-Zahl erfolgt über die Gleichungen 9.24 und 9.25.

$$Re_P = \frac{\vec{u}_0 \cdot d_P}{\nu} \tag{9.24}$$

$$Sc = \frac{\nu}{D_{12}} \tag{9.25}$$

Das Produkt aus Reynolds- und Schmitt-Zahl ergibt sich aus den Gleichungen 9.24 und 9.25:

$$Re_P \cdot Sc = \frac{\vec{u}_0 \cdot d_P}{D_{12}} \tag{9.26}$$

Dabei gilt für die Leerrohrgeschwindigkeit:

$$\vec{u}_0 = \frac{\dot{V}(p, T_R)}{A_R} \tag{9.27}$$

Zur Bestimmung des binären Diffusionskoeffizienten D_{12} wurde die Gleichung nach Fuller aus dem VDI-Wärmeatlas [87] verwendet (s. Gleichung 9.28). Die Werte für das molare Diffusionsvolumen $v_{D,1}$ bzw. $v_{D,2}$ sind ebenfalls dem VDI-Wärmeatlas entnommen.

$$D_{12} = \frac{0,00143}{\sqrt{2}} \cdot \left(\frac{T_R}{K} \right)^{1,75} \cdot \frac{\left(\frac{1}{\tilde{M}_1} + \frac{1}{\tilde{M}_2} \right)^{1/2}}{\left(\frac{p_R}{bar} \right) \cdot \left(v_{D,1}^{1/3} + v_{D,2}^{1/3} \right)^2} \cdot \frac{cm^2}{s} \tag{9.28}$$

Die Ergebnisse der Berechnung der Bodenstein-Zahl und alle in die Berechnung eingeflossenen Größen sind in Tabelle 9.11 dargestellt. Für die Berechnung des binären Diffusionskoeffizienten wurden die Werte von DME verwendet, da dieser dafür am kleinsten ist und somit den ungünstigsten Fall darstellt und da nach dem Vorreaktor der Hauptanteil im Eduktgemisch aus DME besteht. Die Bodenstein-Zahl wurde für die Einlaufzone vor dem eigentlichen Katalysatorbett berechnet, um zu überprüfen, ob sich eine ideale Pfropfenströmung einstellt. Die Einlaufzone bestand aus SiC-Partikel mit einem Durchmesser von 0,2 mm (s. Kapitel 3.2.1).

Es zeigt sich, dass die kleinsten Bodenstein-Zahlen über der Grenze von 50 liegen, weshalb axiale Dispersion bei den durchgeführten Messungen in dieser Arbeit vernachlässigt werden konnte und der Reaktor als idealer Rohrreaktor angesehen werden durfte.

9.5.2 Mears-Kriterium

Bei Ablauf einer Reaktion in einem durchströmten Katalysatorbett ist es sinnvoll auch den entstehenden Konzentrationsgradienten bei der Abschätzung der axialen Dispersion zu berücksichtigen. Mit Hilfe des Mears-Kriteriums [79] kann eine minimale Bettlänge berechnet werden, ab welcher der Einfluss der axiale Dispersion vernachlässigt werden kann (s. Gleichung 9.29). Der entstehende Konzentrationsgradient durch die Reaktion wird in dem Kriterium durch den Umsatz X berücksichtigt.

$$L_{Bett} > \frac{20 \cdot n \cdot d_P}{Pe_{ax}} \cdot ln\left(\frac{1}{1-X}\right) \tag{9.29}$$

Nach Gierman [88] ist für Laborreaktoren die Berechnung der minimale Bettlänge nach folgender Gleichung ausreichend:

$$L_{Bett} > \frac{8 \cdot n \cdot d_P}{Pe_{ax}} \cdot ln\left(\frac{1}{1-X}\right) \tag{9.30}$$

Tabelle 9.11: Größen zur Bestimmung der Bodenstein-Zahl im MTO-Reaktor und Werte für die Bodenstein-Zahl für die gemessenen Reaktionstemperaturen

Größe	Bezeichnung	Werte			Einheit
p_R	Druck im Reaktor	1,65			bar
d_P	Partikeldurchmesser SiC	0,2			mm
L	Länge Einlaufzone	0,03			m
A_R	Querschnittsfläche Reaktor	2×10^{-4}			m^2
v_{D,N_2}	molares Diffusionsvolumen N_2	18,5			-
$v_{D,DME}$	molares Diffusionsvolumen DME	51,77			-
$\tilde{M}_{N_2}$	molare Masse N_2	28,014			g/mol
$\tilde{M}_{DME}$	molare Masse DME	51,77			g/mol
T_R	Reaktionstemperatur	673,15	698,15	723,15	K
$D_{N_2,DME}$	binärer Diffusionskoeffizient	$3,22 \times 10^{-5}$	$3,43 \times 10^{-5}$	$3,65 \times 10^{-5}$	m^2/s
$\dot{V}\,(p, T_R)_{min}$	min. Volumenstrom bei Reaktionsbedingungen	261	288	341	ml/min
u_0	Leerrohrgeschwindigkeit	2,2	2,4	2,8	cm/s
$Re_P \cdot Sc$	Produkt aus Reynolds- und Schmitt-Zahl	0,134	0,139	0,155	-
Pe_{ax}	axiale Peclet-Zahl	0,445	0,460	0,512	-
Bo_{min}	minimale Bodenstein-Zahl	67	69	77	-

Für die Berechnung der axialen Peclet-Zahl wurde Gleichung 9.23 und 9.26 aus dem vorherigen Abschnitt verwendet. Durch einsetzen dieser Gleichungen in Gleichung 9.30 ergibt sich folgende Berechnungsgleichung für die minimale Bettlänge:

$$L_{Bett,min} = 8 \cdot n \cdot d_P \cdot \left(\frac{0,3}{\vec{u}_0 \cdot d_P} \cdot D_{12} + \frac{0,5}{1 + \frac{3,8}{\vec{u}_0 \cdot d_P} \cdot D_{12}} \right) ln \left(\frac{1}{1-X} \right) \quad (9.31)$$

Bei den in dieser Arbeit durchgeführten Messungen wurde die Katalysatormasse variiert, um verschiedene Eduktumsätze zu realisieren. Dadurch änderte sich auch die Länge des Katalysatorbetts. Damit axiale Dispersion bei allen Versuchen ausgeschlossen werden konnte, wurde vor jeder Messreihe mit Hilfe von Gleichung 9.31 bestimmt, wie groß die Leerrohrgeschwindigkeit bzw. der Volumenstrom bei der entsprechenden Länge des Katalysatorbetts sein muss. Die für jede Berechnung verwendeten sonstigen Daten finden sich in Tabelle 9.12. Da die Reaktionsordnung n unbekannt war, wurde ein Wert von 1,5 als ungünstigster Fall gewählt. Außerdem wurde als Partikeldurchmesser d_P der Durchmesser der Extrudate gewählt, obwohl die Zwischenräume zwischen den Katalysatorpartikel mit kleineren SiC-Partikeln ($d = 0,2mm$) aufgefüllt waren und somit der reale Partikeldurchmesser der Schüttung kleiner war.

Durch diese Vorgehensweise konnte sichergestellt werden, dass bei den durchgeführten Messungen kein Einfluss der axialen Dispersion vorlag und der Reaktor als idealer Rohrreaktor angesehen werden konnte.

9.6 Abschätzung der inneren Stofftransportlimitierung

In porösen Katalysatoren kann es zu einer Limitierung der Reaktion durch den inneren Stofftransport kommen, wenn die Diffusion in den Poren im Vergleich zur

Tabelle 9.12: Berechnungsgrößen für die minimale Bettlänge nach Mears [79]

Größe	Bezeichnung	Wert			Einheit
n	Reaktionsordnung	1,5			-
d_P	Durchmesser der Katalysatorpartikel	0,002			m
T_R	Reaktionstemperatur	673,15	698,15	723,15	K
$D_{N_2,DME}$	binärer Diffusionskoeffizient	$3,22 \times 10^{-5}$	$3,43 \times 10^{-5}$	$3,65 \times 10^{-5}$	m^2/s

Reaktion nicht ausreichend schnell genug ist und dadurch ein Konzentrationsgradient im Inneren des Katalysators auftritt. Mit Hilfe des Weisz-Prater-Kriteriums [89] kann abgeschätzt werden, ob eine Limitierung des inneren Stofftransports vorliegt. Für eine Reaktion erster Ordnung ist das Kriterium in Gleichung 9.32 dargestellt. Liegt die Weisz-Zahl Wz unter dem gezeigten Grenzwert, so kann eine Stofftransportlimitierung ausgeschlossen werden.

$$Wz = L^2 \cdot \frac{k_{eff}}{D_{eff}} \leq 0,6 \qquad (9.32)$$

Die Weisz-Zahl ist ein Maß für das Verhältnis von effektiver Reaktionsgeschwindigkeit und Diffusionsgeschwindigkeit und enthält nur messbare Größen sowie den durch Korrelationen bestimmbaren effektiven Diffusionskoeffizienten D_{eff}. Dieser kann unter Berücksichtigung der Porosität und der Porenstruktur aus dem Porendiffusionskoeffizienten D_{Pore} nach Gleichung 9.33 abgeschätzt werden.

$$D_{eff} = D_{Pore} \cdot \frac{\epsilon_{Kat}}{\tau} \qquad (9.33)$$

Der Porendiffusionskoeffizient setzt sich zusammen aus dem binären Diffusionskoeffizienten D_{12} (s. Gleichung 9.28) und dem Knudsen-Diffusionskoeffizienten D_{Kn}:

$$\frac{1}{D_{Pore}} = \frac{1}{D_{12}} + \frac{1}{D_{Kn}} \qquad (9.34)$$

Nach Baerns *et al.* [90] lässt sich der Knudsen-Diffusionskoeffizient auf Grundlage der kinetischen Gastheorie wie folgt berechnen:

$$D_{Kn} = 48,5 \cdot d_{Pore} \cdot \sqrt{\frac{T_R}{\tilde{M}}} \qquad (9.35)$$

Die charakteristische Länge, die zur Berechnung der Weisz-Zahl erforderlich ist wird aus dem Verhältnis des Volumens und der geometrischen Oberfläche eines Katalysatorpartikels gebildet (s. Gleichung 9.36).

$$L = \frac{V_{Kat}}{A_{geo}} \qquad (9.36)$$

Bei den Katalysatoren, die im MTO-Prozess eingesetzt werden, existieren zwei sich überlagernde Porensysteme. Zum einen das regelmäßige Mikroporensystem des Zeolithen und zum anderen das Meso- bzw. Makroporensystem, das sich aus der Zusammenlagerung der Zeolith- und Binderpartikel ergibt. Der Einfluss der Katalysatorporen auf den Stofftransport bezieht sich in dieser Abschätzung nur auf das letztgenannte Porensystem. Für die Diffusion in den Zeolithporen, die eine Größenordnung von Moleküldurchmessern haben, gibt es bislang nur ungenügende Beschreibungen. Die berechnete Weisz-Zahl bezieht sich also auf die Diffusion in der Bindermatrix.

Der effektive Diffusionskoeffizient D_{eff} wurde, wie bereits in Kapitel 9.5.1, für DME berechnet, da dies den ungünstigeren Fall darstellt. Der Porendurchmesser d_{Pore} und die Porosität ϵ_{Kat} wurden aus Quecksilber-Porosimetrie-Messungen bestimmt, wobei d_{Pore} dem mittleren Porendurchmesser aus diesen Messungen entspricht. Die Tortusität τ wurde nach Baerns *et al.* [90] abgeschätzt. Die Werte für die zur Berechnung der Weisz-Zahl benötigten Größen sind in Tabelle 9.13 aufgelistet.

Für die Berechnung der Weisz-Zahl wird des Weiteren die effektive Geschwindigkeitskonstante k_{eff} benötigt. Für eine erste Abschätzung der Weisz-Zahl wurde ein kinetischer Ansatz 1. Ordnung verwendet. Aus der Reaktorbilanz für einen idealen Rohrreaktor (PFR) folgt für die effektive Geschwindigkeitskonstante:

$$k_{eff} = \frac{1}{t_{mod}} \cdot ln\left(\frac{1}{1 - X_{MeOH/DME}}\right) \qquad (9.37)$$

Die modifizierte Verweilzeit t_{mod} berechnet sich in diesem Fall aus dem Verhältnis von Katalysatorvolumen V_{Kat} und dem Volumenstrom bei Reaktionsbedingungen $\dot{V}\,(p, T_R)$. Das Katalysatorvolumen wird aus der eingesetzten Katalysatormasse m_{Kat} und der Feststoffdichte ρ_{Kat} (*bulk density*; 1,0124 g/cm^3), die über Quecksilber-Porosimetrie-Messungen erhalten wurde, bestimmt (s. Gleichung 9.38).

$$t_{mod} = \frac{V_{Kat}}{\dot{V}\,(p, T_R)} = \frac{m_{Kat}}{\dot{V}\,(p, T_R) \cdot \rho_{Kat}} \qquad (9.38)$$

Für jeden Messpunkt einer Messreihe wurde eine effektive Geschwindigkeitskonstante k_{eff} und die entsprechende Weisz-Zahl bestimmt. Da die Annahme eines kinetischen Ansatzes 1. Ordnung eine Vereinfachung darstellt, wurde kein konstanter Geschwindigkeitskoeffizient und somit auch nur ein Bereich für die Weisz-Zahl erhalten (s. Tabelle 9.14).

Es zeigt sich, dass die Weisz-Zahlen teilweise über dem Wert von 0,6 liegen, also schon im Übergangsbereich, in dem eine Limitierung durch den inneren Stofftransport auftreten kann.

Normalerweise gibt es die Möglichkeit, die Limitierung durch inneren Stofftransport auch experimentell nachzuweisen. Dazu wird bei konstanter Verweilzeit der Umsatz an Edukt bei Verwendung von unterschiedlich großen Katalysatorpartikeln gemessen, also die charakteristische Länge L variiert. Wenn keine Stofftransportlimitierung vorliegt, sollte der gemessene Umsatz gleich bleiben. Ansonsten nimmt der Umsatz mit zunehmender Partikelgröße und somit zunehmender charakteristischer Länge ab. In den Arbeiten von Mäurer [21] und Freiding [4] konnte allerdings genau das Gegenteil beobachtet werden. Die Zerkleinerung der Katalysatorpartikel und nicht die Vergrößerung führte zu einer Verringerung des Umsatzes, vor allem im Bereich kleiner und mittlerer Umsätze. Der Erklärungsversuch stand in Beziehung mit dem Kohlenwasserstoff-Pool-

Tabelle 9.13: Berechnungsgrößen für die Abschätzung der Porendiffusionslimitierung

Größe	Bezeichnung	Wert			Einheit
d_{Pore}	Porendurchmesser	$3{,}37 \times 10^{-5}$			cm
ϵ_{Kat}	Porosität der Katalysatorpartikel	0,397			-
τ	Tortusität	3			-
L	charakteristische Länge	$4{,}17 \times 10^{-4}$			m
$\tilde{M}_{N_2}$	molare Masse N_2	28,014			g/mol
$\tilde{M}_{DME}$	molare Masse DME	46,0684			g/mol
T_R	Reaktionstemperatur	673,15	698,15	723,15	K
$D_{N_2,DME}$	binärer Diffusionskoeffizient	$3{,}22\times10^{-5}$	$3{,}43\times10^{-5}$	$3{,}65\times10^{-5}$	m²/s
D_{Kn}	Knudsen-Diffusionskoeffizient	$6{,}24\times10^{-5}$	$6{,}36\times10^{-5}$	$6{,}47\times10^{-5}$	m²/s
D_{Pore}	Porendiffusionskoeffizient	$2{,}12\times10^{-5}$	$2{,}23\times10^{-5}$	$2{,}33\times10^{-5}$	m²/s
D_{eff}	effektiver Diffusionskoeffizient	$2{,}81\times10^{-6}$	$2{,}95\times10^{-6}$	$3{,}09\times10^{-6}$	m²/s

Tabelle 9.14: Abgeschätzte Bereiche für die Weisz-Zahl in Abhängigkeit von der Reaktionstemperatur und der Methanolkonzentration im Eduktstrom

Reaktionstemperatur T_R	Methanolkonzentration im Eduktstrom	Bereich der Weisz-Zahl
400 °C	10,3 Vol-%	0,49−0,77
400 °C	21,5 Vol-%	0,42−0,75
400 °C	33,7 Vol-%	0,32−0,60
425 °C	10,3 Vol-%	0,67−0,89
425 °C	21,5 Vol-%	0,57−0,77
425 °C	33,7 Vol-%	0,48−0,79
450 °C	10,3 Vol-%	0,89−0,95
450 °C	21,5 Vol-%	0,81−0,98

Mechanismus. Durch die Zerkleinerung der Extrudate wird die äußere Oberfläche vergrößert und die Aromaten in den Zeolithporen können leichter hinausdiffundieren, wodurch die Aktivität zurück geht. Es ist also im Fall des MTO-Prozesses nicht möglich das Auftreten der Porendiffusionslimitierung experimentell zu bestimmen.

Deshalb wurden in dieser Arbeit einige zusätzliche Messungen durchgeführt, bei denen das verwendete Inertgas Stickstoff durch Helium ersetzt wurde. Da Helium ein kleineres und leichters Molekül als Stickstoff ist, hat dieser Wechsel einen Einfluss auf den binären Diffusionskoeffizienten D_{12} und somit auch auf den daraus resultierenden effektiven Diffusionskoeffizienten D_{eff} von DME, der dadurch größer wird (Faktor ca. 1,85). Die Ergebnisse dieser Messungen sind in Abbildung 9.3 dargestellt. Es zeigt sich, dass die Umsatzverläufe als Funktion der Raumgeschwindigkeit und die Selektivitäten zu Ethen und Propen als Funktion des Eduktumsatzes bei beiden gemessenen Reaktionstemperaturen im Rahmen der Messgenauigkeit sehr ähnlich sind. Daher wurde in dieser Arbeit davon ausgegangen, dass im Porensystem des Bindermaterials keine Limitierung durch inneren Stofftransport vorliegt.

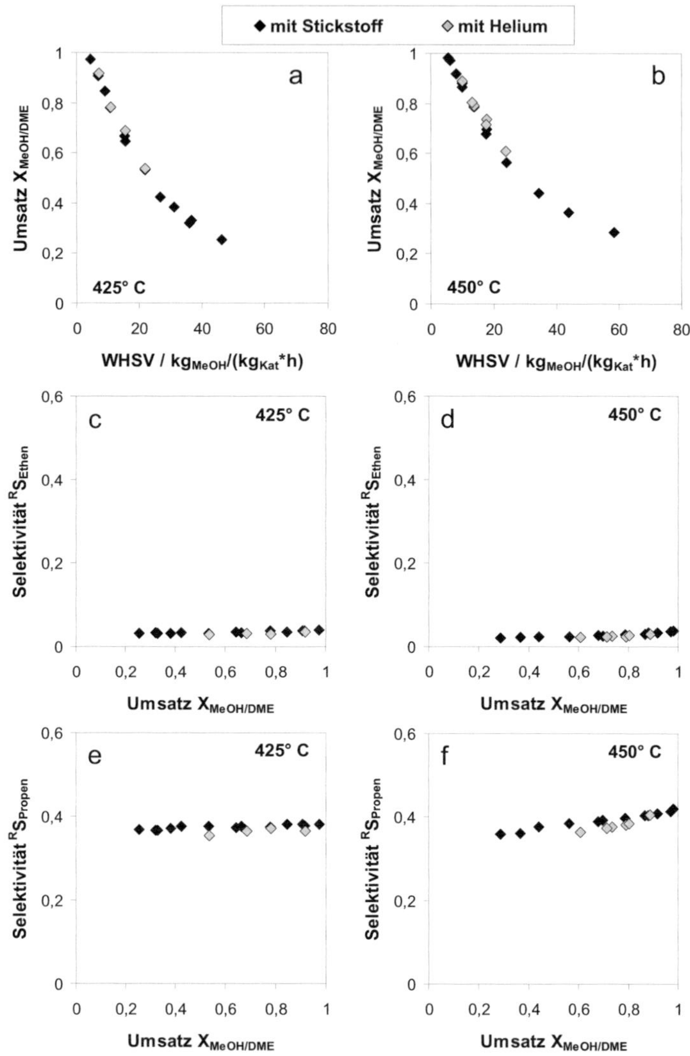

Abbildung 9.3: Vergleich der MeOH/DME-Umsätzen und der Selektivitäten zu Ethen und Propen bei Messungen mit Helium und mit Stickstoff als Inertgas bei (a, c, e) 425 °C und (b, d, f) 450 °C; Methanoleingangskonzentration 21,5 Vol-%

9.7 Langzeitmessungen

Bei der Durchführung von reaktionstechnischen Messungen zur Bestimmung der Kinetik, darf der Katalysator nicht oder nur vernachlässigbar langsam deaktivieren. Beim MTO-Prozess steigt aber mit zunehmender Reaktionstemperatur auch die Deaktivierungsgeschwindigkeit. Daher wurden Messungen bei einer konstanten Raumgeschwindigkeit über mehrere Stunden durchgeführt, um Abschätzen zu können, ab wann ein signifikanter Einfluss der Deaktivierung auftritt. Die $WHSV_{MeOH}$ wurde so gewählt, dass daraus relativ hohe Eduktumsätze ($X_{MeOH/DME}$ ca. 90 %) resultierten.

Bei der Versuchsdurchführung wurde zunächst die Eduktzusammensetzung über Bypass-Messungen bestimmt und anschließend im Reaktorbetrieb alle 30 Minuten eine Probe des Produktgasgemischs im GC analysiert. Alle Messungen wurden bei einer Methanoleingangskonzentration von 21,5 Vol-% durchgeführt. Die anderen gewählten Betriebsparameter sind in Tabelle 9.15 aufgelistet und in Abbildung 9.4 sind die Ergebnisse der Messungen dargestellt.

Tabelle 9.15: Betriebsparameter bei der Umsetzung von Methanol über längere Zeit

Reaktionstemperatur	$WHSV_{MeOH}$	Umsatz $X_{MeOH/DME,0}$ zu Beginn	Dauer der Messreihe
450 °C	7,61 h^{-1}	0,938	ca. 22 h
475 °C	10,45 h^{-1}	0,879	ca. 34 h
500 °C	9,75 h^{-1}	0,902	ca. 24 h

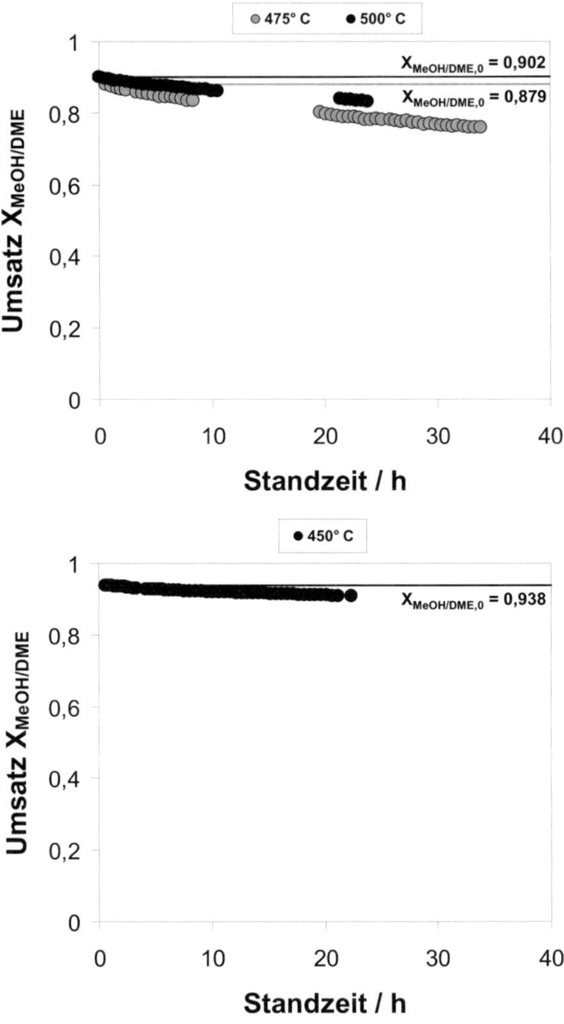

Abbildung 9.4: Einfluss der Temperatur auf die Standzeit des eingesetzten ZSM-5/AlPO$_4$-Katalysators

9.8 Ergänzende Diagramme zu den durchgeführten Messungen

Die folgenden Abschnitte enthalten ergänzende Abbildungen zum Einfluss der Reaktionsbedingungen und zu den Untersuchungen der Folgereaktionen, die in den Kapitel 4 und 5.1 nicht gezeigt wurden.

Die Abbildungen 9.5–9.7 zeigen die Selektivitätsverläufe der einzelnen C_4-Olefine bei den in Kapitel 4.2 bzw. 4.2 nicht gezeigten Reaktionstemperaturen und Methanoleingangskonzentrationen. In den Abbildungen 9.8–9.13 sind die in Kapitel 5.1.2 nicht gezeigten Selektivitätsverläufe von Ethen, Propen, den C_4-Olefinen und den C_5-Kohlenwasserstoffen bei der Zudosierung von Methanol mit Ethen, Propen oder Isobuten und bei der Zudosierung von ausschließlich Methanol dargestellt. In Abbildung 9.14 werden die Verläufe des Eduktumsatzes als Funktion der $WHSV_{MeOH}$ bei den nicht gezeigten Reaktionstemperaturen verglichen.

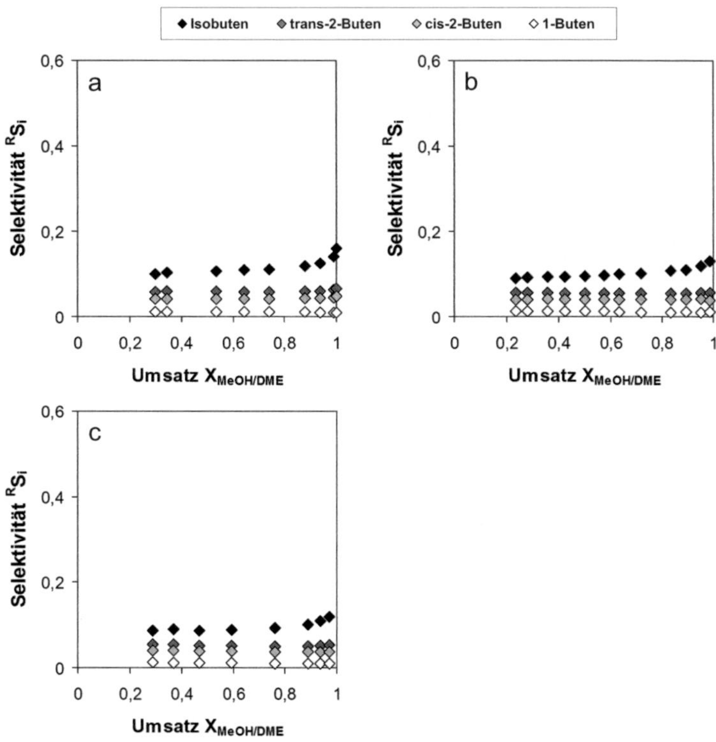

Abbildung 9.5: Selektivitäten zu den einzelnen C_4-Olefinen als Funktion des MeOH/DME-Summenumsatzes bei einer Reaktionstemperatur von 400 °C und einer Methanoleingangskonzentration von (a) 10,3 Vol-%, (b) 21,5 Vol-% und (c) 33,7 Vol% im Eduktstrom

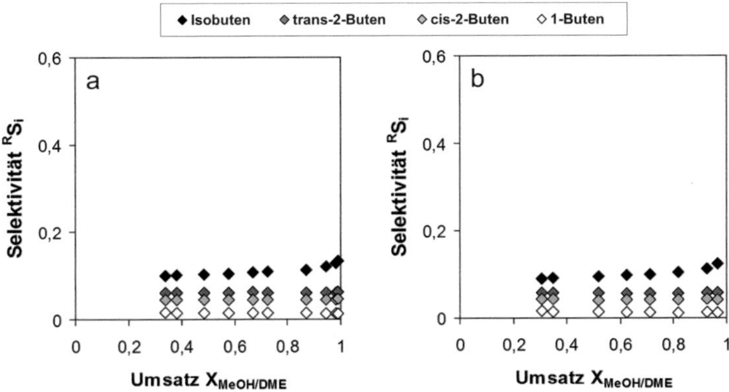

Abbildung 9.6: Selektivitäten zu den einzelnen C_4-Olefinen als Funktion des MeOH/DME-Summenumsatzes bei einer Reaktionstemperatur von 425 °C und einer Methanoleingangskonzentration von (a) 10,3 Vol-% und (b) 33,7 Vol% im Eduktstrom

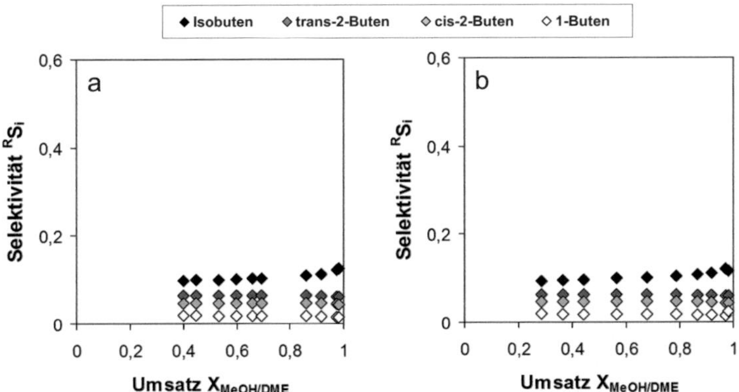

Abbildung 9.7: Selektivitäten zu den einzelnen C_4-Olefinen als Funktion des MeOH/DME-Summenumsatzes bei einer Reaktionstemperatur von 450 °C und einer Methanoleingangskonzentration von (a) 10,3 Vol-% und (b) 21,5 Vol% im Eduktstrom

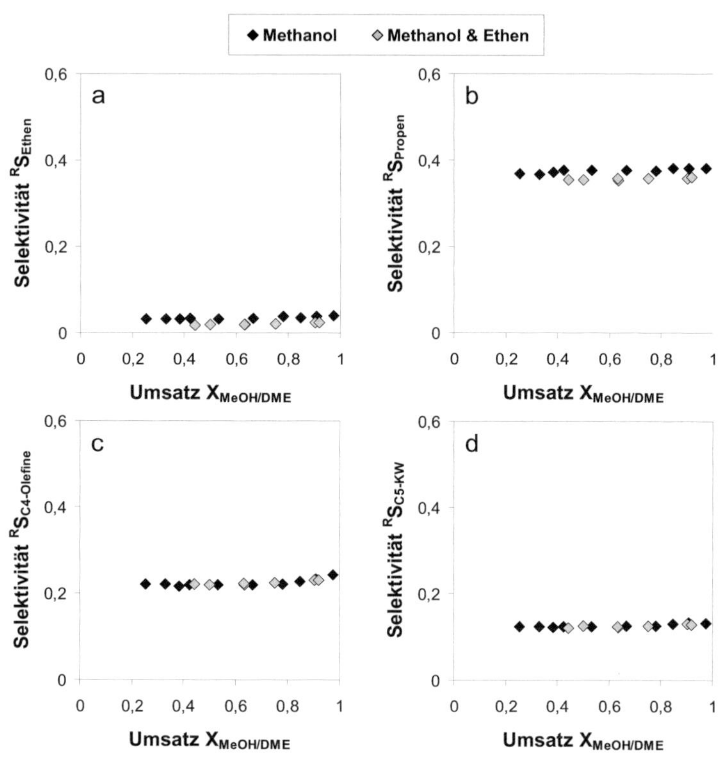

Abbildung 9.8: Selektivitäten zu (a) Ethen, (b) Propen, (c) den C_4-Olefinen und (d) den C_5-Kohlenwasserstoffen bei der Dosierung von Methanol zusammen mit Ethen (graue Messpunkte) und bei der Dosierung von ausschließlich Methanol (schwarze Messpunkte). Die Reaktionstemperatur betrug 425 °C, die Methanolkonzentration nach dem Sättiger-Kondensator-System hatte einen Wert von 21,5 Vol-% und die Ethenkonzentration vor dem Reaktorsystem betrug 0,2 mol/m^3.

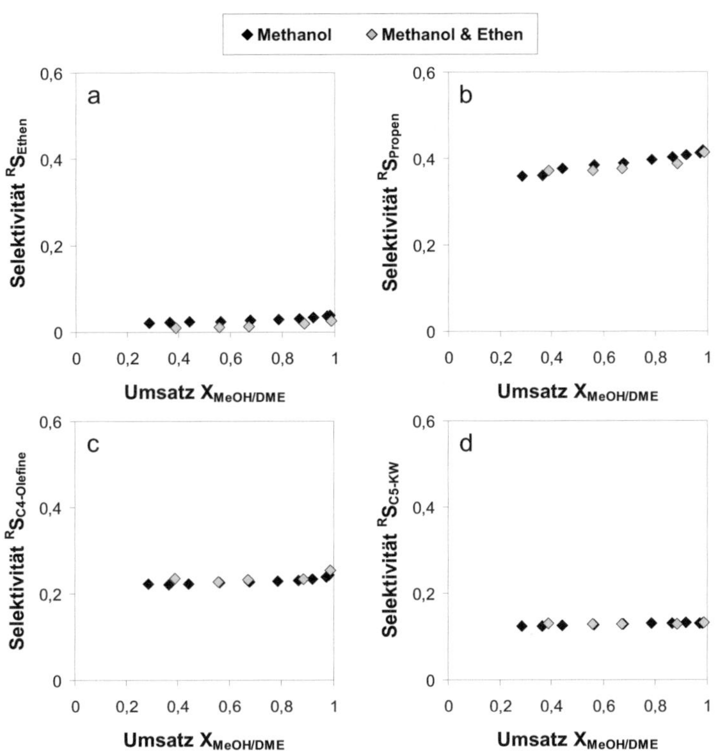

Abbildung 9.9: Selektivitäten zu (a) Ethen, (b) Propen, (c) den C_4-Olefinen und (d) den C_5-Kohlenwasserstoffen bei der Dosierung von Methanol zusammen mit Ethen (graue Messpunkte) und bei der Dosierung von ausschließlich Methanol (schwarze Messpunkte). Die Reaktionstemperatur betrug 450 °C, die Methanolkonzentration nach dem Sättiger-Kondensator-System hatte einen Wert von 21,5 Vol-% und die Ethenkonzentration vor dem Reaktorsystem betrug 0,2 mol/m^3.

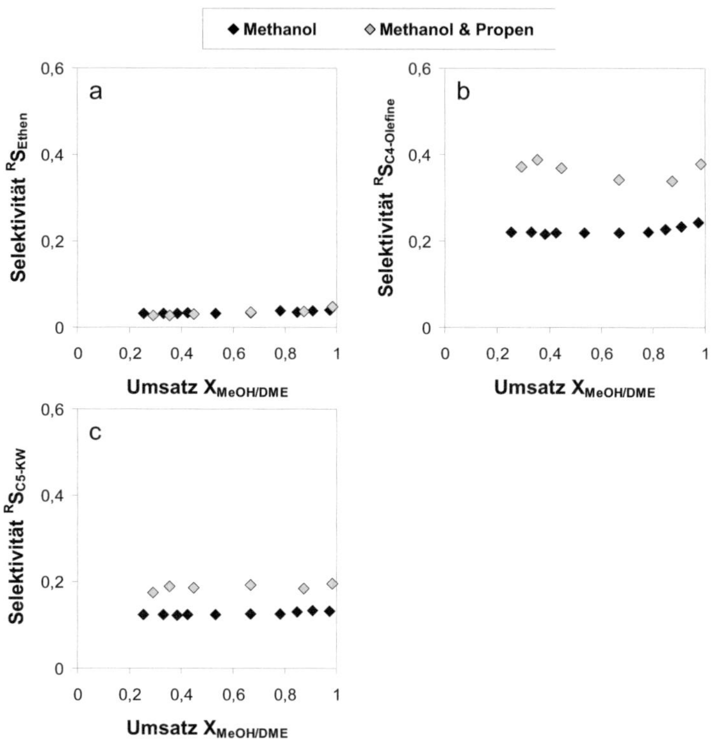

Abbildung 9.10: Selektivitäten zu (a) Ethen, (b) den C_4-Olefinen und (c) den C_5-Kohlenwasserstoffen bei der Dosierung von Methanol zusammen mit Propen (graue Messpunkte) und bei der Dosierung von ausschließlich Methanol (schwarze Messpunkte). Die Reaktionstemperatur betrug 425 °C, die Methanolkonzentration nach dem Sättiger-Kondensator-System hatte einen Wert von 21,5 Vol-% und die Propenkonzentration vor dem Reaktorsystem betrug 0,8 mol/m^3.

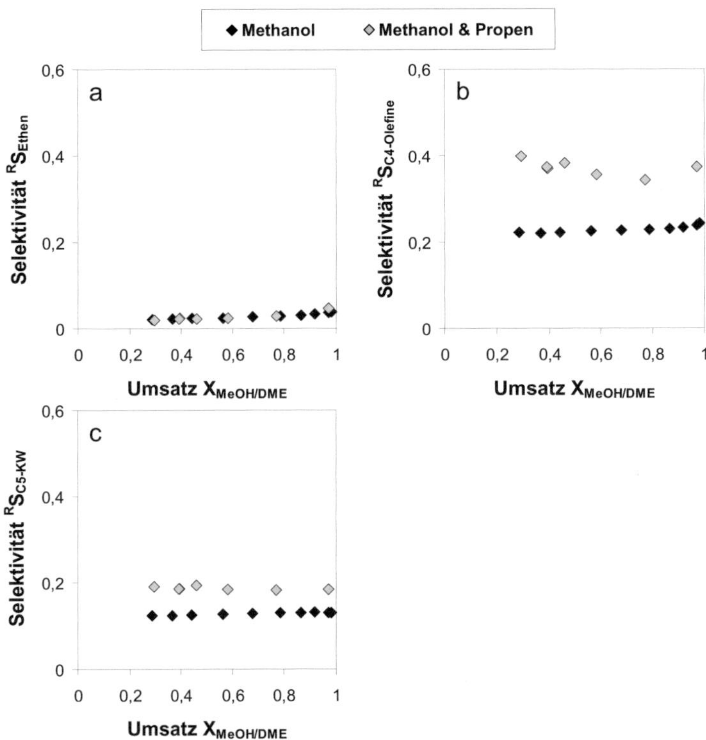

Abbildung 9.11: Selektivitäten zu (a) Ethen, (b) den C_4-Olefinen und (c) den C_5-Kohlenwasserstoffen bei der Dosierung von Methanol zusammen mit Propen (graue Messpunkte) und bei der Dosierung von ausschließlich Methanol (schwarze Messpunkte). Die Reaktionstemperatur betrug 450 °C, die Methanolkonzentration nach dem Sättiger-Kondensator-System hatte einen Wert von 21,5 Vol-% und die Propenkonzentration vor dem Reaktorsystem betrug 0,8 mol/m^3.

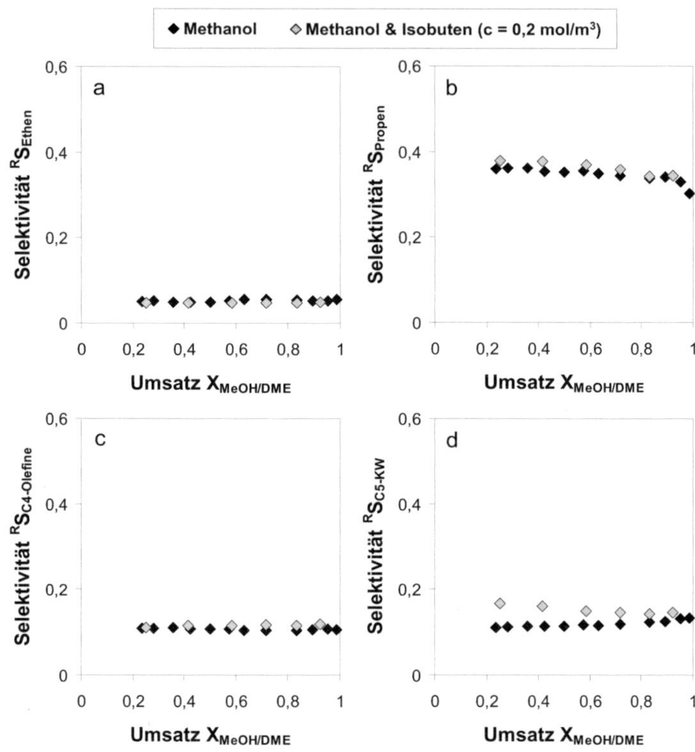

Abbildung 9.12: Selektivitäten zu (a) Ethen, (b) Propen, (c) den C_4-Olefinen (ohne Isobuten) und (d) den C_5-Kohlenwasserstoffen bei der Dosierung von Methanol zusammen mit Isobuten und bei der Dosierung von ausschließlich Methanol (schwarze Messpunkte). Die Reaktionstemperatur betrug 400 °C, die Methanolkonzentration nach dem Sättiger-Kondensator-System hatte einen Wert von 21,5 Vol-% und die Propenkonzentration vor dem Reaktorsystem betrug 0,1 mol/m³ (weiße Messpunkte) und 0,2 mol/m³ (graue Messpunkte).

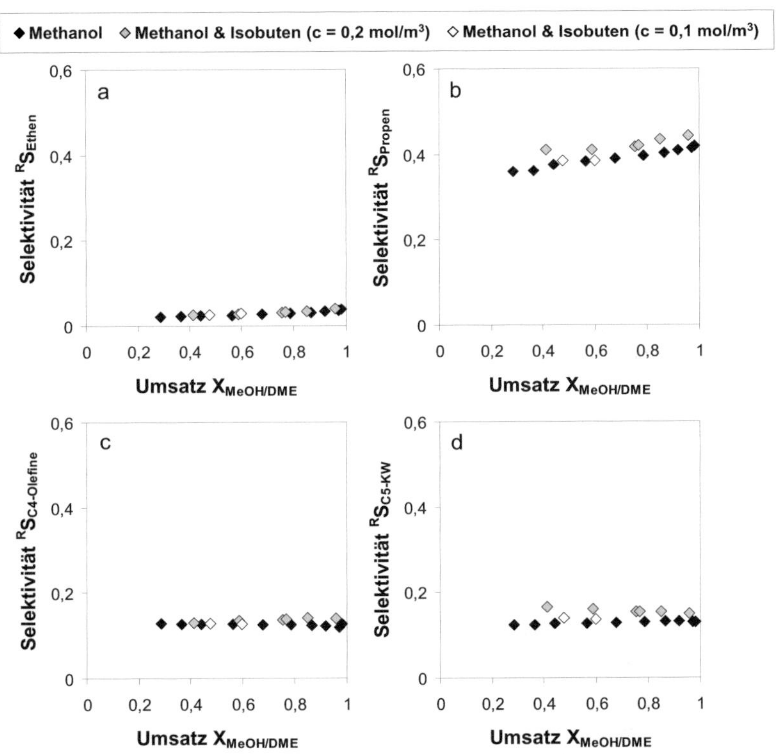

Abbildung 9.13: Selektivitäten zu (a) Ethen, (b) Propen, (c) den C_4-Olefinen (ohne Isobuten) und (d) den C_5-Kohlenwasserstoffen bei der Dosierung von Methanol zusammen mit Isobuten und bei der Dosierung von ausschließlich Methanol (schwarze Messpunkte). Die Reaktionstemperatur betrug 450 °C, die Methanolkonzentration nach dem Sättiger-Kondensator-System hatte einen Wert von 21,5 Vol-% und die Propenkonzentration vor dem Reaktorsystem betrug 0,1 mol/m³ (weiße Messpunkte) und 0,2 mol/m³ (graue Messpunkte).

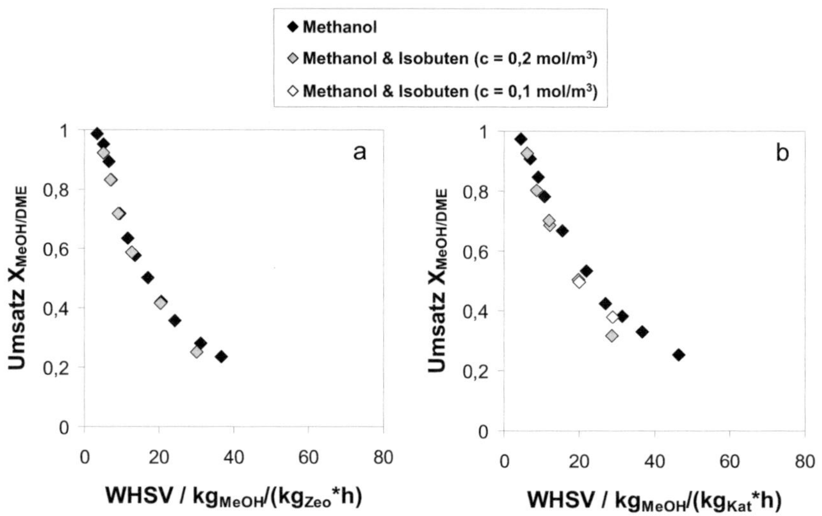

Abbildung 9.14: Umsatz von Methanol/DME als Funktion der WHSV$_{MeOH}$ bei der Dosierung von Isobuten mit Methanol und bei der Dosierung von ausschließlich Methanol (schwarze Messpunkte). Die Reaktionstemperatur betrug (a) 400 °C und (b) 425 °C, die Methanolkonzentration nach dem Sättiger-Kondensator-System hatte einen Wert von 21,5 Vol-% und die Propenkonzentration vor dem Reaktorsystem betrug 0,1 mol/m³ (weiße Messpunkte) und 0,2 mol/m³ (graue Messpunkte).

9.9 Ergänzende Angaben zur Modellierung

In diesem Kapitel sind die Ergebnisse der Anpassung an das in Abbildung 6.7 gezeigt, erweiterte Reaktionsnetzwerk (s. Kapitel 6.2) dargestellt. Die für die Anpassung verwendeten Reaktionsordnungen sind in Tabelle 9.16 aufgelistet und die Ergebnisse der Anpassung finden sich in Tabelle 9.17. Die Abbildungen 9.15–9.17 zeigen die Vergleiche zwischen den experimentell ermittelten Konzentrationsverläufen (Symbole) und den über das Modell berechneten Verläufen (Linien).

Tabelle 9.16: Verwendete Reaktionsordnungen α_k und β_m für die Anpassung an das erweiterte Reaktionsnetzwerk in Abbildung 6.7 (s. Kapitel 6.2)

Reaktion Nr.	Reaktionsordnung α_k	Reaktionsordnung β_m
1	1,5	-
2	0,8	-
3	0,85	-
4	0,95	-
5	0,75	0,25
6	0,7	0,3
7	0,65	0,35
8	0,7	-
9	0,85	-
10	0,9	-
11	1,1	-

Tabelle 9.17: Aus der Modellierung der Reaktionskinetik erhaltene Werte für die Frequenzfaktoren $k_{j,\infty}$ und die Aktivierungsenergien $E_{A,j}$ mit 95 %-Vertrauensintervall sowie die Werte für die Zielfunktion F und den mittleren relativen Fehler f für das erweiterte Reaktionsnetzwerk in Abbildung 6.7 (s. Kapitel 6.2)

Modellparameter	Wert	Einheit
$k_{1,\infty}$	$1{,}20 \pm 0{,}35$	$m^{4,5}\ mol^{-0,5}\ kg^{-1}\ s^{-1}$
$k_{2,\infty}$	$21{,}3 \pm 8{,}11$	$mol^{0,2}\ m^{2,4}\ kg^{-1}\ s^{-1}$
$k_{3,\infty}$	$16{,}39 \pm 7{,}43$	$mol^{0,15}\ m^{2,55}\ kg^{-1}\ s^{-1}$
$k_{4,\infty}$	$12{,}97 \pm 5{,}42$	$mol^{0,05}\ m^{2,85}\ kg^{-1}\ s^{-1}$
$k_{5,\infty}$	$24{,}93 \pm 10{,}74$	$m^3\ kg^{-1}\ s^{-1}$
$k_{6,\infty}$	$27{,}06 \pm 11{,}31$	$m^3\ kg^{-1}\ s^{-1}$
$k_{7,\infty}$	$30{,}39 \pm 14{,}15$	$m^3\ kg^{-1}\ s^{-1}$
$k_{8,\infty}$	$9000 \pm 4071{,}1$	$mol^{0,25}\ m^{2,25}\ kg^{-1}\ s^{-1}$
$k_{9,\infty}$	$29{,}69 \pm 16{,}28$	$mol^{0,15}\ m^{2,55}\ kg^{-1}\ s^{-1}$
$k_{10,\infty}$	$6{,}08 \pm 3{,}05$	$mol^{0,1}\ m^{2,7}\ kg^{-1}\ s^{-1}$
$k_{11,\infty}$	$48{,}07 \pm 26{,}19$	$m^{3,3}\ mol^{-0,1}\ kg^{-1}\ s^{-1}$
$E_{A,1}$	$45{,}7 \pm 1{,}69$	$kJ\ mol^{-1}$
$E_{A,2}$	$45{,}32 \pm 2{,}2$	$kJ\ mol^{-1}$
$E_{A,3}$	$60{,}73 \pm 3{,}29$	$kJ\ mol^{-1}$
$E_{A,4}$	$62{,}44 \pm 3{,}26$	$kJ\ mol^{-1}$
$E_{A,5}$	$47{,}28 \pm 2{,}53$	$kJ\ mol^{-1}$
$E_{A,6}$	$48{,}24 \pm 2{,}41$	$kJ\ mol^{-1}$
$E_{A,7}$	$47{,}94 \pm 2{,}72$	$kJ\ mol^{-1}$
$E_{A,8}$	$79{,}0 \pm 3{,}09$	$kJ\ mol^{-1}$
$E_{A,9}$	$57{,}8 \pm 6{,}24$	$kJ\ mol^{-1}$
$E_{A,10}$	$74{,}0 \pm 30{,}41$	$kJ\ mol^{-1}$
$E_{A,11}$	$69{,}53 \pm 25{,}29$	$kJ\ mol^{-1}$
F	20,399	-
f	13,25	%

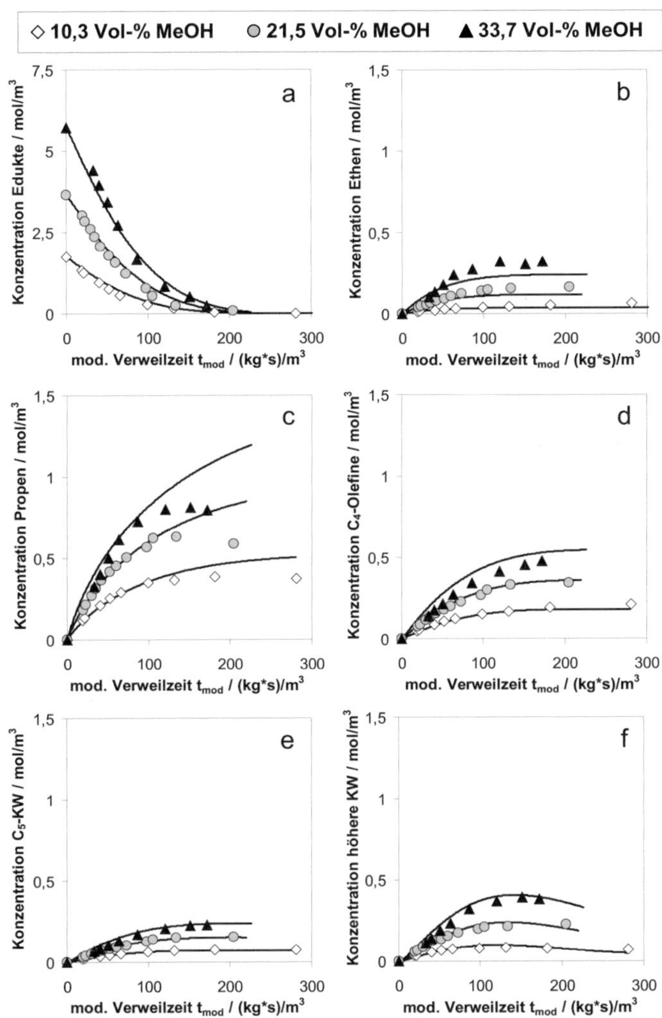

Abbildung 9.15: Vergleich zwischen den berechneten (Linien) und den gemessenen (Symbole) Konzentrationen von (a) den Edukten, (b) Ethen, (c) Propen, (d) den C_4-Olefinen, (e) den C_5-Kohlenwasserstoffen und (f) den höheren Kohlenwasserstoffen als Funktion der modifizierten Verweilzeit bei einer Reaktionstemperatur von 400 °C bei verschiedenen Methanoleingangskonzentrationen

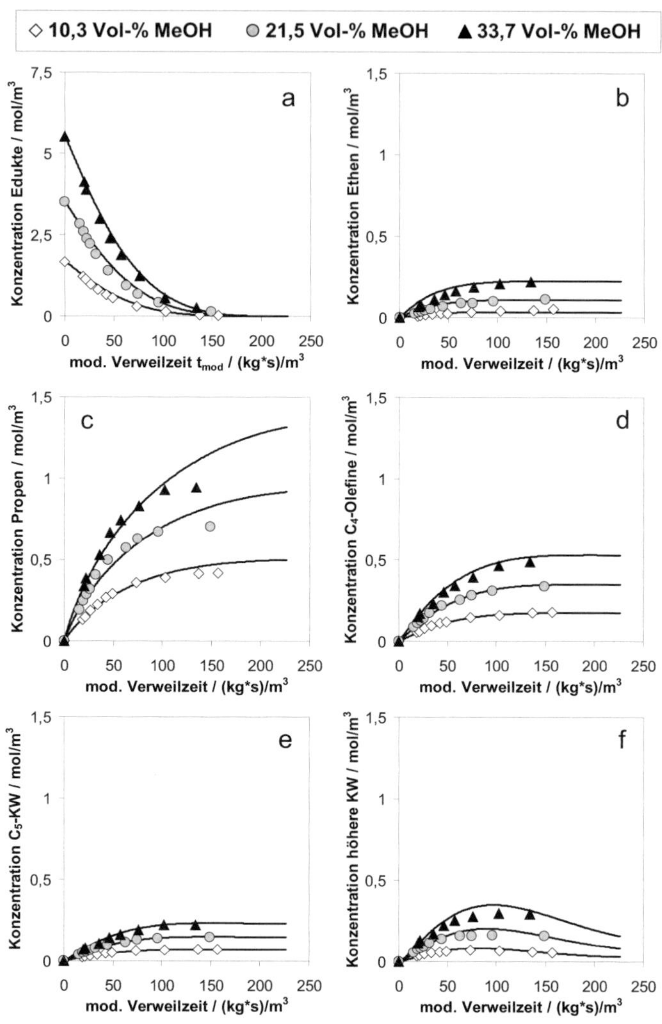

Abbildung 9.16: Vergleich zwischen den berechneten (Linien) und den gemessenen (Symbole) Konzentrationen von (a) den Edukten, (b) Ethen, (c) Propen, (d) den C_4-Olefinen, (e) den C_5-Kohlenwasserstoffen und (f) den höheren Kohlenwasserstoffen als Funktion der modifizierten Verweilzeit bei einer Reaktionstemperatur von 425 °C bei verschiedenen Methanoleingangskonzentrationen

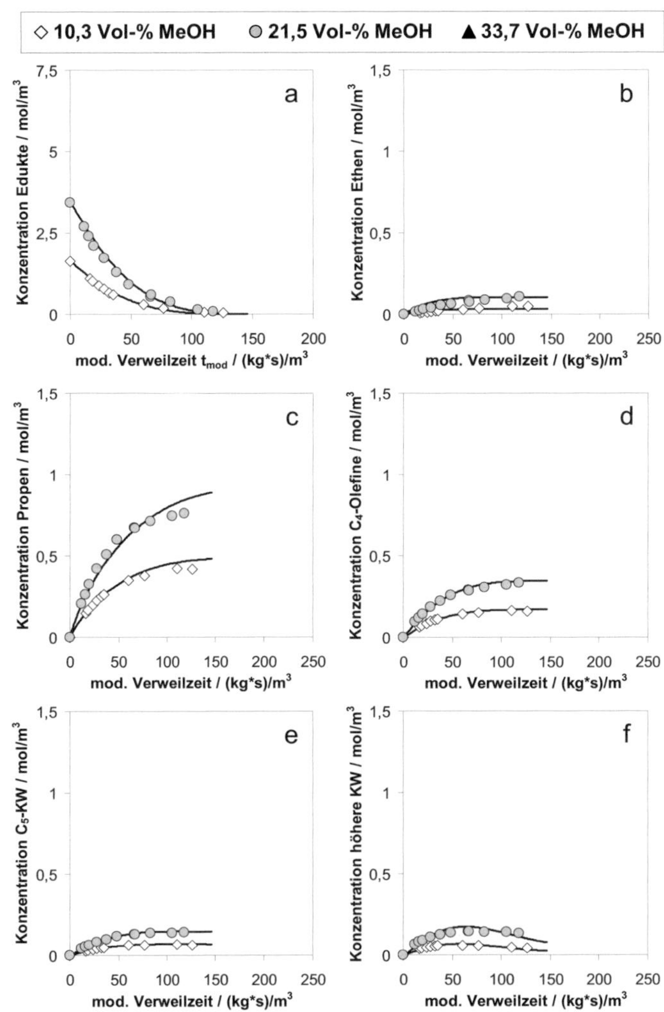

Abbildung 9.17: Vergleich zwischen den berechneten (Linien) und den gemessenen (Symbole) Konzentrationen von (a) den Edukten, (b) Ethen, (c) Propen, (d) den C_4-Olefinen, (e) den C_5-Kohlenwasserstoffen und (f) den höheren Kohlenwasserstoffen als Funktion der modifizierten Verweilzeit bei einer Reaktionstemperatur von 450 °C bei verschiedenen Methanoleingangskonzentrationen

10 Symbole und Abkürzungen

Größen und Symbole

Symbol	Bedeutung	Einheit
A, B, C	Antoine-Parameter	-
A_i, B_i, C_i	Koeffizienten zur Berechnung der freien Standardbildungsenthalpie	kJ mol^{-1}, $\text{kJ mol}^{-1}\,\text{K}^{-1}$, $\text{kJ mol}^{-1}\,\text{K}^2$
A_R	Querschnittsfläche Reaktor	m^2
Bo	Bodenstein-Zahl	-
c_i	Konzentration von Stoff i	mol m^{-3}
D	Diffusionskoeffizient	$\text{m}^2\,\text{s}^{-1}$
D_{12}	binärer Diffusionskoeffizient	$\text{m}^2\,\text{s}^{-1}$
d	Durchmesser	m
E	Anzahl der durchgeführten Experimente	-
E_A	Aktivierungsenergie	kJ mol^{-1}
$e_{i,j}$	relativer Fehler zwischen gemessener und berechneter Konzentration	-
F	Zielfunktion bei der Modellierung	-
F_i	Peakfläche im Chromatogramm	pA s
f	mittlere relativer Fehler	-
f_i	Korrekturfaktor	-
$\Delta_B G_i^{\Theta}$	freie Standardbildungsenthalpie von Stoff i	kJ mol^{-1}

Symbol	Bedeutung	Einheit
$\Delta_R G^{\ominus}$	freie Standardreaktionsenthalpie	kJ mol^{-1}
K	Gleichgewichtskonstante	-
k	massenbezogener Geschwindigkeitskoeffizient	abhängig von der Reaktionsordnung
k_∞	Frequenzfaktor	verschiedene (s. Tabelle 6.4)
L	Länge	m
$\tilde{M}$	molare Masse	g mol^{-1}
$m_{Zeolith}$	Masse an Zeolith	kg
$\dot{m}$	Massenstrom	kg s^{-1}
n	Stoffmenge	mol
$\dot{n}_i$	Stoffmengenstrom von Stoff i	mol s^{-1}
Pe	Peclet-Zahl	-
p	Druck	bar
p_{MeOH}	Methanolpartialdruck	bar
R	universelle Gaskonstante	8,314 j mol^{-1} K^{-1}
Re	Reynolds-Zahl	-
RMR_i	relative molare Anzeigeempfindlichkeit von Stoff i	-
r	massenbezogene Reaktionsgeschwindigkeit	mol s^{-1} kg^{-1}
r_V	volumenbezogene Reaktionsgeschwindigkeit	mol s^{-1} m^{-3}
S	Anzahl der Stoffe bzw. Stoffgruppen	-
$^R S_i$	Reaktorselektivität zu Stoff i	-
Sc	Schmitt-Zahl	-
T_R	Reaktionstemperatur	K oder °C
t	Zeit	s
t_{mod}	modifizierte Verweilzeit	s kg m^{-3}

Symbol	Bedeutung	Einheit
$\vec{u}_0$	Leerrohrgeschwindigkeit	m s^{-1}
V	Volumen	m^3
$\dot{V}$	Volumenstrom	ml min^{-1}
Wz	Weisz-Zahl	-
$X_{MeOH/DME}$	Summenumsatz von Methanol und DME	-
X_{GGW}	Gleichgewichtsumsatz	-
X_i	Umsatz von Stoff i	-
x_{V,CO_2}	Volumenanteil Kohlendioxid	-
y_i	Stoffmengenanteil von Stoff i	-
z_C	Anzahl der Kohlenstoffatome in einem Molekül	-

Größen und Symbole (griechisch)

Symbol	Bedeutung	Einheit
$\alpha,\ \beta$	Reaktionsordnung	-
ϵ_i	relative Volumenänderung	-
	bei Vollumsatz von Stoff i	-
ϵ_{Kat}	Porosität der Katalysatorpartikel	-
ν	kinematische Viskosität	m^2 s^{-1}
$\nu_{i,j}$	stöchiometrischer Koeffizient	
ρ_{Kat}	Schüttdichte	g cm^{-3}
τ	Tortusität	-

Indizes

Symbol	Bedeutung
0	am Reaktoreintritt
ax	axial
ber	berechnet
C	Kohlenstoff
eff	effektiv
exp	experimentell
geo	geometrisch
i	Zählindex für Komponente
j	Zählindex für Reaktion
Kat	Katalysator
Kn	Knudsen
k, m	Zählindizes für die Reaktionsordnungen
N	bei Normbedingungen
P	Partikel
R	Reaktor

Literaturverzeichnis

[1] K. Weissermel and H.-J. Arpe, in *Industrielle Organische Chemie - Bedeutende Vor- und Zwischenprodukte*, Wiley-VCH, Weinheim, 1998; Kapitel 3, 7 und 11.

[2] S. Ernst, *Erdoel, Erdgas, Kohle*, **5**, 227–236 (2008). Technologie- und Rohstoffwandel in der Petrochemie.

[3] J. S. Plotkin, *Catal. Today*, **106**, 10–14 (2005). The changing dynamics of olefin supply/demand.

[4] J. Freiding *Extrusion von technischen ZSM-5 Kontakten und ihre Anwendung im MTO-Prozess* Dissertation, Universität Karlsruhe (TH), (2009).

[5] H. Koempel and W. Liebner, *Stud. Surf. Sci. Catal.*, **167**, 261–267 (2007). Lurgi's Methanol To Propylene (MTP$^{\circledR}$) Report on a succesful Commercialistion.

[6] M. Rothaemel and H.-D. Holtmann, *Erdoel, Erdgas, Kohle*, **5**, 234–237 (2002). Methanol to Propylene MTP - Lurgi's Way.

[7] C. D. Chang, C. T.-W. Chu, and R. F. Socha, *J. Catal.*, **86**, 289–296 (1984). Methanol Conversion to Olefins over ZSM-5. I. Effect of Temperature and Zeolite SiO_2/Al_2O_3.

[8] A. G. Gayubo, P. L. Benito, A. T. Aguayo, J. Aguirre, and J. Bilbao, *Chem. Eng. J.*, **63**, 45–51 (1996). Analysis of kinetic models of the methanol-to-gasoline (MTG) process in an integral reactor.

[9] S. Kvisl, T. Fulglerud, S. Kolboe, U. Olsbye, K. P. Lillerud, and B. V. Vora, in *Handbook of Heterogeneous Catalysis Vol. 6*, Wiley-VCH, Weinheim, 2008; pages 2950–2964; Methanol-to-Hydrocarbons.

[10] W.-C. Cheng, E. T. Habib Jr., K. Rajagopalan, T. G. Roberie, R. F. Wormsbecher, and M. S. Ziebarth, in *Handbook of Heterogenous Catalysis Vol. 6*, Wiley-VCH, Weinheim, 2008; pages 2741–2778; Fluid Catalytic Cracking.

[11] C. J. Maiden, *Stud. Surf. Sci. Catal.*, **36**, 1–16 (1988). The New Zealand Gas-to-Gasoline Project.

[12] B. Lücke, A. Martin, H. Günschel, and S. Nowak, *Microporous Mesoporous Mater.*, **29**, 145–157 (1999). CMHC: coupled methanol hydrocarbon cracking - Formation of lower olefins from methanol and hydrocarbons over modified zeolites.

[13] M. Stöcker, *Microporous Mesoporous Mater.*, **82**, 257–292 (2005). Gas phase catalysis by zeolites.

[14] M. Stöcker, *Microporous Mesoporous Mater.*, **29**, 3–48 (1999). Methanol-to-hydrocarbons: catalytic materials an their behavior.

[15] C. Baerlocher, W. M. Meier, and D. H. Olson, in *Atlas of Zeolite Framework Types*, 5th Revised Edition, Elsevier, 2001; MFI.

[16] E. Roland and P. Kleinschmit, in *Ullmann's Encyclopedia of Industrial Chemistry*, Wiley-VCH, Weinheim, 2005; page 17; Zeolites.

[17] F. Schüth and M. Hesse, in *Handbook of Heterogenous Catalysis Vol. 1*, Wiley-VCH, Weinheim, 2008; pages 676–699; Catalyst Forming.

[18] B. Kraushaar-Czarnetzki and S. P. Müller, in *Synthesis of Solid Catalysts*, Wiley-VCH, Weinheim, 2009; pages 173–199; Shaping of Solid Catalysts.

[19] M. Xu, J. H. Lunsford, D. W. Goodman, and A. Bhattacharyya, *Appl. Catal. A*, **149**, 289–301 (1997). Synthesis of dimethyl ether (DME) from methanol over solid-acid catalysts.

[20] J. Freiding, F.-C. Patcas, and B. Kraushaar-Czarnetzki, *Appl. Catal. A*, **328**, 210–218 (2007). Extrusion of zeolites: Properties of catalysts with a novel aluminium phosphate sintermatrix.

[21] T. Mäurer *Investigation of Mass Transport Phenomena in the Conversion of Methanol to Olefins over Technical Alumina/ZSM-5 Catalysts* Dissertation, Universität Karlsruhe (TH), (2004).

[22] H. Schulz, *Catal. Today*, **154**, 183–194 (2010). „Coking" of zeolites during methanol conversion: Basic reactions of the MTO-, MTP- and MTG-processes.

[23] C. D. Chang, S. D. Hellring, J. N. Miale, and K. D. Schmitt, *J. Chem. Soc., Faraday Trans. 1*, **81**, 2215–2224 (1985). Insertion of Aluminium into High-silica-content Zeolite Frameworks.

[24] D. S. Shihabi, W. E. Garwood, P. Chu, J. N. Miale, R. M. Lago, C. T.-W. Chu, and C. D. Chang, *J. Catal.*, **93**, 471–474 (1985). Aluminium Insertion into High-Silica Zeolite Frameworks, II. Binder Activation of High-Silica ZSM-5.

[25] J. F. Haw, W. Song, D. M. Marcus, and J. B. Nicholas, *Acc. Chem. Res.*, **36**, 317–326 (2003). The Mechanism of Methanol to Hydrocarbons Catalysis.

[26] T.-Y. Park and G. F. Froment, *Ind. Eng. Chem. Res.*, **40**, 4172–4186 (2001). Kinetic Modeling of the Methanol to Olefins Process. 1. Model Formulation.

[27] F. J. Keil, *Microporous Mesoporous Mater.*, **29**, 49–66 (1999). Methanol-to-hydrocarbons: process technology.

[28] B. E. Langner, *Appl. Catal.*, **2**, 289–302 (1982). Reactions of Methanol on Zeolites with different Pore Structures.

[29] P. W. Goguen, T. Xu, D. H. Barich, T. W. Skloss, W. Song, Z. Wang, J. B. Nicholas, and J. F. Haw, *J. Am. Chem. Soc.*, **120**, 2650–2651 (1998). Pulse-Quench Catalytic Reactor Studies Reveal a Carbon-Pool Mechanism in Methanol-to-Gasoline Chemistry on Zeolite HZSM-5.

[30] R. M. Dessau, *J. Catal.*, **99**, 111–116 (1986). On the H-ZSM-5 Catalyzed Formation of Ethylene from Methanol or Higher Olefins.

[31] I. M. Dahl and S. Kolboe, *Catal. Lett.*, **20**, 329–336 (1993). On the reaction mechanism for propene formation in the MTO reaction over SAPO-34.

[32] I. M. Dahl and S. Kolboe, *J. Catal.*, **149**, 458–464 (1994). On the Reaction Mechanism for Hydrocarbon Formation from Methanol over SAPO-34: 1. Isotopic Labeling Studies of the Co-reaction of Ethene and Methanol.

[33] I. M. Dahl and S. Kolboe, *J. Catal.*, **161**, 304–309 (1996). On the Reaction Mechanism for Hydrocarbon Formation from Methanol over SAPO-34: 2. Isotopic Labeling Studies of the Co-reaction of Propene and Methanol.

[34] M. Bjørgen, S. Svelle, F. Joensen, J. Nerlov, S. Kolboe, F. Bonino, L. Palumbo, S. Bordiga, and U. Olsbye, *J. Catal.*, **249**, 195–207 (2007). Conversion of methanol to hydrocarbons over zeolite H-ZSM-5: On the origin of the olefinic species.

[35] D. M. Bibby, R. F. Howe, and G. D. McLellan, *Appl. Catal. A*, **93**, 1–34 (1992). Coke formation in high-silica zeolites.

[36] S. M. Campbell, D. M. Bibby, J. M. Coddington, R. F. Howe, and R. H. Meinhold, *J. Catal.*, **161**, 338–349 (1996). Dealumination of HZSM-5 Zeolites: I. Calcination and Hydrothermal Treatment.

[37] A. G. Gayubo, A. T. Aguayo, A. Atutxa, R. Prieto, and J. Bilbao, *Ind. Eng. Chem. Res.*, **43**, 5042–5048 (2004). Role of Reaction-Medium Water on the Acid Deterioration of a HZSM-5 Zeolite.

[38] S. Svelle, P. O. Rønning, and S. Kolboe, *J. Catal.*, **224**, 115–123 (2004). Kinetic studies of zeolite-catalyzed methylation reactions 1. Coreaction of [^{12}C]ethene and [^{13}C]methanol.

[39] S. Svelle, P. O. Rønning, and S. Kolboe, *J. Catal.*, **234**, 385–400 (2005). Kinetic studies of zeolite-catalyzed methylation reactions Part 2. Co-reaction of [^{12}C]propene or [^{12}C]n-butene and [^{13}C]methanol.

[40] T. Mole, D. J. Whiteside, and D. Seddon, *J. Catal.*, **82**, 261–266 (1983). Aromatic Co-Catalysis of Methanol Conversion over Zeolite Catalysts.

[41] T. Mole, G. Bett, and D. Seddon, *J. Catal.*, **84**, 435–445 (1983). Conversion of Methanol to Hydrocarbons over ZSM-5 Zeolite: An Examination of the Role of Aromatic Hydrocarbons Using ^{13}Carbon- and Deuterium-Labeled Feeds.

[42] O. Mikkelsen, P. O. Rønning, and S. Kolboe, *Microporous Mesoporous Mater.*, **40**, 95–113 (2000). Use of isotopic labeling for mechanistic studies of the methanol-to-hydrocarbons reaction. Methylation of toluene with methanol over H-ZSM-5, H-mordenite and H-beta.

[43] B. Arstad and S. Kolboe, *J. Am. Chem. Soc.*, **123**, 8137–8138 (2001). The Reactivity of Molecules Trapped within the SAPO-34 Cavities in the Methanol-to-Hydrocarbons Reaction.

[44] A. Sassi, M. A. Wildman, H. J. Ahn, P. Prasad, J. B. Nicholas, and J. F. Haw, *J. Phys. Chem. B*, **106**, 2294–2303 (2002). Methylbenzene Chemistry on Zeolite HBeta: Multiple Insights into Methanol-to-Olefin Catalysis.

[45] W. Song, H. Fu, and J. F. Haw, *J. Am. Chem. Soc.*, **123**, 4749–4754 (2001). Supramolecular Origins of Product Selectivity for Methanol-to-Olefin Catalysis on HSAPO-34.

[46] J. F. Haw, J. B. Nicholas, W. Song, F. Deng, Z. Wang, T. Xu, and C. S. Heneghan, *J. Am. Chem. Soc.*, **122**, 4763–4775 (2000). Roles of cyclopentenyl Cations in the Synthesis of Hydrocarbons from Methanol on Zeolite Catalysts HZSM-5.

[47] U. Olsbye, M. Bjørgen, S. Svelle, K.-P. Lillerud, and S. Kolboe, *Catal. Today*, **106**, 108–111 (2005). Mechanistic insight into the methanol-to-hydrocarbons reaction.

[48] W. Wang, A. Buchholz, M. Seiler, and M. Hunger, *J. Am. Chem. Soc.*, **125**, 15260–15267 (2003). Evidence for an Initiation of the Methanol-to-Olefin Process by Reactive Surface Methoxy Groups on Acidic Zeolite Catalysts.

[49] J. F. Haw, *Phys. Chem. Chem. Phys.*, **4**, 5431–5441 (2002). Zeolite acid stranght and reaction mechanisms in catalysis.

[50] W. Song, D. M. Marcus, H. Fu, J. O. Ehresmann, and J. F. Haw, *J. Am. Chem. Soc.*, **124**, 3844–3845 (2002). An Oft-Studied Reaction That May Never Have Been: Direct Catalytic Conversion of Methanol or Dimethyl Ether to Hydrocarbons on the Solid Acids HZSM-5 or HSAPO-34.

[51] M. Bjørgen, F. Joensen, K.-P. Lillerud, U. Olsbye, and S. Svelle, *Catal. Today*, **142**, 90–97 (2009). The mechanisms of ethene and propene formation from methanol over high-silica H-ZSM-5 and H-beta.

[52] W. J. H. Dehertog and G. F. Froment, *Appl. Catal.*, **71**, 153–165 (1991). Production of light alkenes from methanol on ZSM-5 catalysts.

[53] C. D. Chang, W. H. Lang, and R. L. Smith, *J. Catal.*, **56**, 196–173 (1979). The Conversion of Methanol and Other O-Compounds to Hydrocarbons over Zeolite Catalysts. II. Pressure Effects.

[54] J. Q. Chen, B. Vora, P. R. Pujadó, A. Grønvold, T. Fulgerud, and S. Kvisle, *Stud. Surf. Sci. Catal.*, **147**, 1–6 (2004). Most recent developements in ethylene and propylene production from natural gas using the UOP/Hydro MTO process.

[55] J. Q. Chen, A. Bozzano, B. Glover, T. Fulgerud, and S. Kvisle, *Catal. Today*, **106**, 103–107 (2005). Recent advancements in ethylene and propylene production using the UOP/Hydro MTO process.

[56] R. Mihail, S. Straja, G. Maria, G. Musca, and G. Pop, *Chem. Eng. Sci.*, **38**, 1581–1591 (1983). A Kinetic Model for Methanol Conversion to Hydrocarbons.

[57] A. N. R. Bos, P. J. J. Tromp, and H. N. Akse, *Ind. Eng. Chem. Res.*, **34**, 3808–3816 (1995). Conversion of Methanol to Lower Olefins. Kinetic Modeling, Reactor Simulation, and Selection.

[58] A. G. Gayubo, A. T. Aguayo, A. E. Snchez del Campo, A. M. Tarro, and J. Bilbao, *Ind. Eng. Chem. Res.*, **39**, 292–300 (2000). Kinetic Modeling of Methanol Transformation into Olefins on a SAPO-34 Catalyst.

[59] N. Y. Chen and W. J. Reagan, *J. Catal.*, **59**, 123–129 (1979). Evidence of Autocatalysis in Methanol to Hydrocarbon Reactions over Zeolith Catalysts.

[60] C. D. Chang and A. J. Silvestri, *J. Catal.*, **47**, 249–259 (1977). The conversion of methanol and other O-compounds to hydrocarbons over zeolite catalysts.

[61] P. L. Benito, A. G. Gayubo, A. T. Aguayo, M. Castilla, and J. Bilbao, *Ind. Eng. Chem. Res.*, **35**, 81–89 (1996). Concentration-Dependent Kinetic Model for Catalyst Deactivation in the MTG Process.

[62] A. T. Aguayo, A. G. Gayubo, J. M. Ortega, M. Olazar, and J. Bilbao, *Catal. Today*, **37**, 239–248 (1997). Catalyst deactivation by coking in the MTG process in fixed and fluidized bed reactors.

[63] A. G. Gayubo, M. Aguayo, Castilla, A. Moran, and J. Bilbao, *Chem. Eng. Commun.*, **191**, 944–967 (2004). Role of water in the kinetic modelling of methanol transformation into hydrocarbons on HZSM-5 zeolite.

[64] A. T. Aguayo, D. Mier, A. G. Gayubo, M. Gamero, and J. Bilbao, *Ind. Eng. Chem. Res.*, **49**, 12371–12378 (2010). Kinetics of Methanol Transformation into Hydrocarbons on a HZSM-5 Zeolite Catalyst at High Temprature (400-500°C).

[65] H. Schoenfelder, J. Hinderer, J. ans Werther, and F. Keil, *Chem. Eng. Sci.*, **49**, 5377–5390 (1994). Methanol to Olefins-Prediction of the performance of a circulationg fluidized-bed reactor on the basis of kinetic experiments in a fixed-bed reactor.

[66] M. Kaarsholm, B. Rafii, F. Joensen, R. Cenni, J. Chaouki, and G. S. Patience, *Ind. Eng. Chem. Res.*, **49**, 29–38 (2010). Kinetic Modeling of Methanol-to-Olefin Reaction over ZSm-5 in Fluid Bed.

[67] C. T. O'Connor, in *Handbook of Heterogenous Catalysis Vol. 6*, Wiley-VCH, Weinheim, 2008; pages 2854–2863; Oligomerization.

[68] C. T. O'Connor and M. Kojima, *Catal. Today*, **6**, 329–349 (1990). Alkene Oligomerisation.

[69] S. A. Tabak, F. J. Krambeck, and W. E. Garwood, *AIChE J.*, **32**, 1526–1531 (1986). Conversion of Propylene and Butylene over ZSM-5 Catalyst.

[70] S. A. Tabak, *US 4,433,185* (1984). Two Stage System for Catalytic Conversion of Olefins with Distillate and Gasoline Modes.

[71] R. J. Quann, L. A. Green, S. A. Tabak, and F. J. Krambeck, *Ind. Eng. Chem. Res.*, **27**, 565–570 (1988). Chemistry of Olefin Oligomerisation over ZSM-5 Catalyst.

[72] M. M. Wu and W. W. Kaeding, *J. Catal.*, **88**, 478–489 (1984). Conversion of Methanol to Hydrocarbons. II. Reaction Paths for Olefin Formation Over HZSM-5 Zeolite Catalyst.

[73] S. Svelle, S. Kolboe, O. Swang, and U. Olsbye, *J. Phys. Chem. B*, **109**, 12874–12878 (2005). Methylation of Alkenes and Methylbenzenes by Dimethyl Ether or Methanol on Acidic Zeolites.

[74] J. E. Naber, K. P. de Jong, W. H. J. Stork, H. P. C. E. Kuipers, and M. F. M. Post, *Stud. Surf. Sci. Catal.*, **84C**, 2197–2219 (1994). Industrial applications of zeolite catalysis.

[75] P. M. M. Blauwhoff, J. W. Gosselink, E. P. Kieffer, S. T. Sie, and W. H. J. Stork, in *Catalysis and Zeolites: Fundamentals and Applications*, Springer-Verlage, Berlin, Heidelberg, 1999; pages 437–538; Zeolites and Catalysts in Industrial Processes.

[76] J. S. Buchanan, J. G. Santiesteban, and W. O. Haag, *J. Catal.*, **158**, 279–287 (1996). Mechanistic Considerations in Acid-Catalyzed Cracking of Olefins.

[77] S. Bessel and D. Seddon, *J. Catal.*, **105**, 270–275 (1987). The Conversion of Ethene and Propene to Higher Hydrocarbons over ZSM-5.

[78] T. Mäurer and B. Kraushaar-Czarnetzki, *J. Catal.*, **187**, 202–208 (1999). Thermodynamic and Kinetic Reaction Regimes in the Isomerization of 1-Pentene over ZSM-5 Catalysts.

[79] D. E. Mears, *Industrial & Engineering Chemistry Process Design and Development*, **10**, 541–547 (1971). Tests for Transport Limitations in Experimental Catalytic Reactors.

[80] T. Thömmes *Die partielle Oxidation von Propen mit N_2O in der Gasphase* Dissertation, Karlsruher Institut für Technologie (KIT), (2010).

[81] T. F. Coleman and Y. Li, *SIAM J. Optim.*, **6**, 418–445 (1996). An Interior, Trust Region Approach for Nonlinear Minimization Subject to Bounds.

[82] T. F. Coleman and Y. Li, *Math. Program.*, **67**, 189–224 (1994). On the Convergence of Reflective Newton Methods for Large-Scale Nonlinear Minimization Subject to Bounds.

[83] D. Ambrose and C. H. S. Sprake, *J. Chem. Thermodynamics*, **2**, 631–645 (1970). Thermodynamic properties of organic oxygen compounds, XXV. Vapour pressures and normal boiling temperatures of aliphatic alcohols.

[84] C. L. Yaws, in *Chemical Properties Handbook*, Mc Graw-Hill, New York, 1999; Models for Flow Systems and Chemical Reactors.

[85] R. G. Ackman, *J. of G. C.*, **2**, 173–179 (1964). Fundamental groups in the response of flame ionization detectors to oxygenated aliphatic hydrocarbons.

[86] C. Y. Wen and L. T. Fan, in *Chemical Processing and Engineering. Band 3*, Marcel Dekker, New York, 1975; Models for Flow Systems and Chemical Reactors.

[87] VDI-Wärmeatlas, Springer-Verlag, Berlin, 2006; VDI-Gesellschaft Verfahrenstechnik und Chemieingenieurwesen (Hrsg.), 10. Auflage.

[88] H. Gierman, *Appl. Catal.*, **43**, 277–286 (1988). Design of Laboratory Hydrotreating Reactors Scaling Down of Trickle-flow Reactors.

[89] P. B. Weisz, *Z. Phys. Chem.*, **11**, 1–15 (1957). Diffusivity of Porous Particles I. Measurements and Significance for Internal Reaction Velocities.

[90] M. Baerns and H. Hofmann, in *Technische Chemie*, WILEY-VCH Verlag, Weinheim, 2006; page 45; Kapitel 3. Grundlagen der Chemischen Reaktionstechnik.